天津大学 海洋技术本科专业教育培养体系

翟京生 | 主编

天津大学出版社
TIANJIN UNIVERSITY PRESS

图书在版编目(CIP)数据

天津大学海洋技术本科专业教育培养体系 / 翟京生主编. —天津 : 天津大学出版社, 2020.6

（新工科系列丛书）

ISBN 978-7-5618-6691-7

Ⅰ. ①天… Ⅱ. ①翟… Ⅲ. ①天津大学—海洋学—人才培养—教学研究 Ⅳ. ①P7

中国版本图书馆CIP数据核字(2020)第102309号

出版发行　天津大学出版社
地　　址　天津市卫津路92号天津大学内(邮编:300072)
电　　话　发行部:022-27403647
网　　址　www.tjupress.com.cn
印　　刷　北京盛通印刷股份有限公司
经　　销　全国各地新华书店
开　　本　169mm×239mm
印　　张　17.75
字　　数　358千
版　　次　2020年6月第1版
印　　次　2020年6月第1次
定　　价　68.00元

《天津大学海洋技术本科专业教育培养体系》
编委会

《天津大学海洋技术本科专业教育培养体系》
评审委员会

序　一

就我所知，将一个本科专业的教学大纲单独成书出版、公开发行，要不是绝无仅有，也是不曾多见。天津大学海洋科学与技术学院组织撰写的《海洋技术本科专业教育培养体系》，欲将原本只在学校内部使用的小众文件变为面向社会广而告之的大众读本，无疑是一次突破窠臼的新尝试。

对社会，它就好像是一篇宣言书，向人们宣示天津大学为什么要办海洋技术专业，要培养什么样的海洋技术专业人才。同时，它又像是一份保证书，向人们承诺天津大学将如何培养海洋技术专业人才。它应该还是一封推荐信，向潜在的用人单位介绍海洋技术专业的学生将学习哪些知识，掌握哪些技能，能做哪些事情。这需要的不仅是勇气，更是自信。天津大学海洋科学与技术学院的老师们有这份勇气，也有这个自信。他们撰写的书稿，尽管文字叙述上不够讲究，语言表达上不尽精准，但是瑕不掩瑜，他们专业育人的思想脉络十分清晰,有一定的认识深度，详读细品之下，竟如见到了期待已久的老朋友。我们一直强调专业与学科既有联系，又有区别，如果说学科是知识的划分，那么专业就应该是知识的综合，是学科知识一定范围内和一定程度上的综合。《海洋技术本科专业教育培养体系》就很好地体现了这种思想，它以海洋数据为枢纽，面向海洋调查工作场景，聚焦海洋观测探测需求，贯穿多个学科领域，构建起一个既系统严谨又简洁开放的海洋技术专业知识体系。学生经过这个体系的认真学习和严格训练，在毕业后不论是从事技术研发工作还是工程实践工作，相信都能如鱼得水，于个人会有所成就，对社会当有所贡献。

海洋是一个庞杂的非线性系统，系统状态非多种数据不足以描述，而数据的获取必须依赖有效的观测探测手段。天津大学的海洋技术专业本科知识体系，正是遵循这样一个逻辑构建的。其课程设置紧紧围绕着认识海洋需要什么样的数据、使用什么样的技术能获取这些数据和借助什么样的方法能表征这些数据所蕴含的海洋状态信息这样一条主线而展开。在课程内容组合上、开课时序上都安排得应然尽然，教材选用上也满足了经典性、权威性和先进性的要求，进而奠定了课程高阶性的基础，假以高端师资讲授，涌现一批高水平课程亦应为当然。如果把本书也当作课本来读，学生可用于了解海洋技术专业的知识和技能构成，据以安排自己的学习计划；教师可用于把握各门课程彼此的承续关联、相互支撑，主动把各自课程作为整个知识体系的一部分来建设，共同促进海洋技术专业教育的系统性和完整性；院校则可援引为海洋技术专业基本的办学遵循，高起点和高标准地建设自己的专业。目前本书稿的体系中省却了思政课等本科公共课程的教学大纲，其它院校引用时应补充上、完善之。

应翟京生院长所约写了上面一段话，是为序。

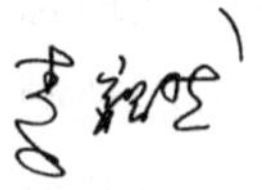

中国海洋大学副校长

教育部高等学校海洋科学类专业教学指导委员会主任委员

序　二

新一轮科技革命和产业变革奔腾而至，大批新企业建立起来，同时颠覆了传统产业和劳动力市场，形成了全新工程科技人才需求。传统工程教育模式、课程体系、课程内容和教学方法已经不能适应新经济和新时代产业发展的需要，高等工程教育需要面向未来、面向世界、面向工业进行深刻变革和全面创新。天津大学以新时代“兴学强国”的使命和“矢志创新”的追求，以引领世界、创造未来的责任担当，提出以立德树人统领人才培养全过程，融合了中国特色新文理教育、多学科交叉融合工程教育和个性化专业教育，以期培养未来的卓越工程师、企业家、工程科学家和领军者。根据对新科技革命和新产业发展需求的观察、调研、分析和研究，提出了以下新工业革命时代和创新经济发展需要的基本工程素质，建立了整体高度关联、融合贯通、持续创新的新工科建设方案和培养模式（Coherent Collaborative Interdisciplinary Innovative Model of Emerging Engineering Education - CCII-EEE），探寻新工业革命时代的工程教育新范式。

针对国家海洋强国战略和“一带一路”人才需求，突出未来信息化技术变革，围绕学生品格、思维、知识、能力的全面成长，坚持立德树人的根本任务，按照面向需求、面向未来、面向学生的理念，天津大学海洋科学与技术学院编写了《天津大学海洋技术本科专业教育培养体系》一书，该书围绕海洋技术专业学生的知识培养，按照多学科、多技术、多需求相结合的新工科理念，梳理出了由海洋探测的平台、仪器、方法到海洋数据的知识结构，提出了一套理工结合、本研贯通的实现方式。该书系统地论述了海洋技术本科专业设计理念和培养模式，设计出一套比较完善、具有天大办学特色的新工科培养方案，并给出了课程配套的详细教学大纲。该书的出版，对进一步提高我校海洋技术专业办学水平、扩大我校海洋技术专业影响力，具有十分重要的意义。

我非常荣幸应海洋科学与技术学院翟京生院长邀请为此书作序，衷心祝贺翟院长领导的团队制定和出版新本科专业教育培养方案和课程体系，并祝愿天津大学海洋科学与技术学院在翟院长带领下，为国家的海洋科技事业发展、建设海洋强国作出更大贡献！

加拿大工程院院士

天津大学新工科教育中心主任

前　言

新时代、新任务、新要求，人才培养将会面临许多新的问题，需要一个新的理念、新的范式、新的行动。

海洋技术本科专业人才教育培养体系就是按照天津大学“新工科”的理念和要求设计的，目的是紧贴国家海洋强国战略需求，突出未来信息化技术变革，围绕学生的品格、思维、知识、能力等全面发展，坚持立德树人的根本要求，探索和设计一个新的面向未来、面向需求、面向学生的海洋技术专业人才培养范式。

不管是需求，或是技术，也不管是国内，或是国外，海洋数据将是未来人类需要长期面临和关注的重大问题，是推动未来海洋科学与技术发展和变革的核心动力。本培养体系围绕学生的知识培养和要求，多学科、多技术、多需求相结合，探索和设计了一套面向未来的由海洋探测的平台、仪器、测量、数据组成的学生的知识结构和实现方式。

立德树人是人才培养的根本任务。本培养体系围绕学生的品格培养和要求，将海洋意识与家国情怀相结合，强化专业课程和实践教学中的课程思政，探索和设计了一套由思政课程与课程思政组成的学生的品格结构和实现方式。

学生思维的培养是一流人才、创新人才、特殊人才培养的必然要求，不能完全依赖于与思维相关的课程。人类思维源于实践，又是人类知识的源泉。本培养体系围绕学生的思维培养和要求，坚持基础理论与工程技术相结合，突出专业课程和实践教学中的课程思维，探索和设计了一套由思维课程与课程思维组成的学生的思维结构和实现方式。

实践教学是学生能力培养的重要方式，目前，大多是面向课程的，按照一门课程、一个实验的思路设置，不完全符合学生能力成长的特点和要求。本培养体系围绕学生的能力培养和要求，一个目标与多门课程相结合，强化项目式和综合性的实践课程，探索和设计了一套由课程实践与实践课程组成的学生的能力结构和实现方法。

教学的评价体系是保证人才培养和教学质量的必要条件，目前，教学评价大多是面向单一课程的，不是面向毕业要求的，不完全符合国家教学质量评价的标准和要求。本培养体系围绕完整的课程体系，学生、督学和教师相结合，探索和设计了一套面向毕业要求的由教学要求与课程目标组成的教学评价体系。

海洋技术是一个隶属于海洋科学类的本科专业，由于设置时间不长，目前，不管是海洋技术的概念和沿革，或是对象、内涵和范畴，依然是仁者见仁、智者见智，没有形成一个国内学界公认的知识结构和培养体系，因而，本培养体系中，许多的观点都是一家之言，特别是由于积累不多，水平不够，不可避免地会存在一些错误和问题，非常希望专家和读者能够给予批评指导。

翟京生
2020 年 3 月 8 日于天津大学

目 录

第 1 章　海洋技术本科专业设计理念

新时代，人类面临的海洋问题日益突出，现已引起了国家和社会的高度关注，海洋问题正式纳入了国家海洋强国战略和“一带一路”倡议。

海洋技术是一个隶属于海洋科学类的本科专业，由于设置时间不长，特别是涉及学科太多，目前，依然没有形成一个学界公认的海洋技术的学科体系，非常需要按照面向需求、面向未来、面向学生的理念，设计一套新的海洋技术本科专业人才培养体系，培养大量的海洋技术专业人才，服务于人类关注海洋、认知海洋、经略海洋的需求。

1.1　面向需求

不管是国内，或是国外，目前，人类社会主要面临下列七大海洋问题，涉及航海、海事、船舶、港口、工程、能源、环境等诸多领域和大量的政府、部队、大学、科研、企业等涉海机构。

（1）航海安全。

（2）国防安全。

（3）海洋工程。

（4）海洋资源。

（5）海洋环境。

（6）海洋管理。

（7）海洋科学。

海洋是一个动态的、完整的由海岸、海底、海水、大气等要素组成的自然现象。不同的海洋现象大多是由多个不同的海洋要素共同影响的结果。例如，离开了海底或大气，要去探索和解决海浪、潮汐、海流等海洋动力学问题，不仅是不科学的，也是不可想象的。

海洋要素是指海洋与比邻陆地的人文、自然等环境的抽象和表示。由于海洋现象的特殊性，一个完整的、不是单一的，动态的、不是静态的，联系的、不是孤立的海洋要素，不仅是人类认知和解决海洋问题的必要条件，同时，也是一切涉海机构和人类海上活动的共同需求。

早于大航海时代，人类就开始高度关注海洋要素的探测问题，而且，依附于航海安全、海洋工程、海洋环境、海洋科学等不同的需求，历经多年的技术演变，目前，形成了海洋测绘、海洋勘测、海洋监测、海洋调查等不同的学科或技术。可是，由于对象和标准的不同，现已导致了大量分离和封闭的数据孤岛，难以面向人类的共同需求，提供一个完整的海洋环境数据。

按照面向需求的理念，需要由海岸、海底、海水到大气，实现海洋测绘、海洋勘测、海洋监测、海洋调查等多学科或技术的融合，形成一个完整的由下列主要内容和技术组成的海洋技术体系，服务于一切涉海机构和人类海上活动的共同需求。

（1）海岸地形测量。

（2）海底地形测量。

（3）海洋水文观测。

（4）海洋气象观测。

（5）海洋环境监测。

图 1.1 给出了一个面向需求的多技术融合的海洋技术的具体示例。显然，海洋技术是面向海洋环境或现象的，不是面向海洋装备或工程的，隶属于海洋科学的范畴，是一门按照人类海洋认知和一切海上活动的需求，获取、分析和提供海洋与比邻陆地的人文与自然环境等数据的科学与技术。

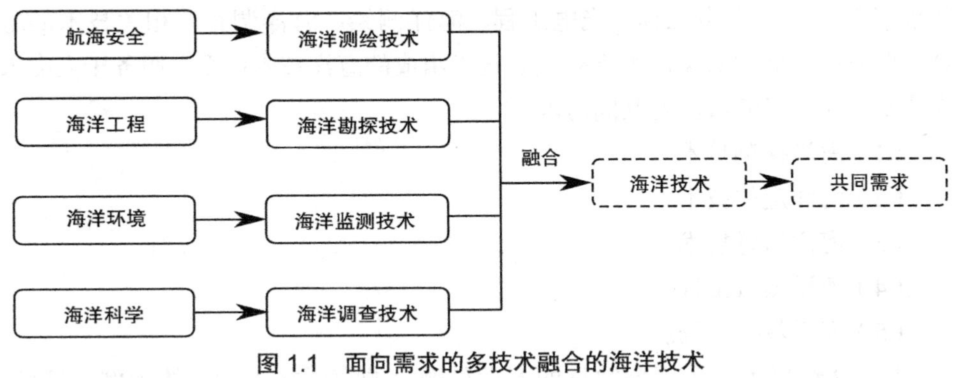

图 1.1　面向需求的多技术融合的海洋技术

1.2　面向未来

由于信息化技术的变革，不难预测，船舶、港口、资源、环境等一切涉海工程与技术都将面临一次信息化或智能化的变革，同时，海洋技术也将面向国家和社会的需求，按照数据、信息、知识到智能的演变方式，由数字的海洋，再到知识的海洋，最终，变成一个智慧的海洋。

海洋大约占地球表面积的 71%，波涛汹涌、暗礁密布。同时，海洋的变化大多是长周期的，涉及许多不同的海洋要素，需要大范围、多要素、长时间的探测，难度大、投入多，因而，海洋数据将是未来人类需要长期面对的一个重大问题。

按照海洋技术的概念，海洋技术是面向数据的，是一个完整的由海洋探测的平台、仪器和海洋数据的获取、表示、服务等技术组成的学科或技术体系。未来的海洋技术会提供一个动态、完整和数字的海洋环境，服务于人类认知海洋和经略海洋的需求。

海洋技术涉及许多学科或技术，例如，平台、仪器等海洋探测技术，导航、控制等海洋定位技术，空中、海上等海洋测量技术，分析、表示等海洋数据技术，目前，大都是按照不同的技术和特性，被划归到了船舶工程、水声工程、光电工程、海洋测绘、海洋调查等不同的学科或技术范畴，难以形成一个完整的、面向数据的由平台、仪器、探测到数据组成的海洋技术体系。

因而，按照面向未来的理念，需要由海洋数据探测的平台、仪器到方法，实现船舶工程、水声工程、光电工程、海洋测绘、海洋调查等相关技术的融合，形成一个面向数据的由下列核心技术组成的海洋技术体系，服务于人类未来认知海洋和经略海洋的共同需求。

（1）海洋探测技术。

（2）海洋定位技术。

（3）海洋遥感技术。

（4）海洋测量工程。

（5）海洋数据工程。

图 1.2 给出了一个面向数据的多学科融合的海洋技术的具体示例。显然，海洋技术由海洋探测的平台、仪器再到海洋数据的获取、分析、评价和表示形成了一个完整的面向数据的学科和技术体系，完全符合未来海洋技术的变革和经略海洋的需求。

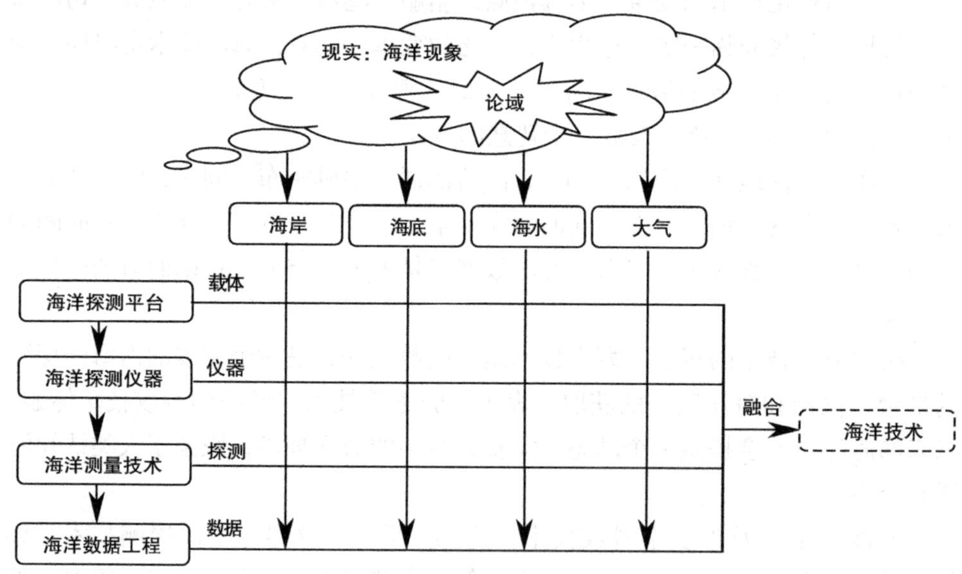

图 1.2　面向数据的多学科融合的海洋技术

1.3　面向学生

目前，海洋技术正面临一个信息化技术的变革，全球引领和技术突破的可能性极大，非常需要按照面向需求、面向未来的理念，围绕学生的品格、思维、知识、能力等全面发展，设计和提出一套新的海洋技术专业人才培养体系，培养大量的具有家国情怀、国际视野、创新精神、实践能力的海洋技术专业卓越人才。

家国情怀和海洋观是学生品格培养的重点，需要按照立德树人的要求，深入学习政治、哲学、历史、法律、管理、美学、外语等人文与社会科学，同时，与海洋技术的沿革等相结合，强化学科导论和课程思政，激发学生兴学强国的使命感和责任感。

海洋技术是一个面向需求和未来的学科或技术，会存在大量的空白点和结合部，围绕学生的思维培养，需要按照科教融合的理念，与实践教学和毕业设计等相结合，引导学生探索不同现象和技术的本质联系，发现和提出新的科学或技术问题，提高学生的科学思维、创新意识和创造能力。

海洋技术是一个多学科融合的工程或技术，学生不仅需要学会数学、物理、计算机等自然科学知识，科学认知潮汐、地质、地貌等海洋探测对象，同时，又需要深入学习机械、光电、水声等海洋技术原理，因而，与海洋技术专业核心课程相结合，需要设置下列与专业基础相关的内容或课程，形成一个深厚、扎实的海洋技术专业基础知识体系。

（1）海洋认知。

（2）海洋技术原理。

海洋技术是一个完整的面向数据的技术体系，涉及许多与海洋探测相关的平台、仪器和方法，需要由平台、仪器、导航、测量到数据，设置下列海洋技术专业核心课程，覆盖整个技术体系，形成一个宽广、完整的海洋技术专业知识结构，增大学生发现个人兴趣、设计个人未来的机会，同时，按照本研贯通的理念，设置与专业核心课程相一致的拓展课程，纳入本科生和研究生的共同课程，聚焦于未来学生个人的兴趣和志向。

（1）海洋探测技术。

（2）海洋定位技术。

（3）海洋遥感技术。

（4）海洋测量工程。

（5）海洋数据工程。

海洋技术是一个实践性非常强的工程或技术，学生的能力培养是海洋技术本科专业人才培养的核心问题，目前，大多是按照一门课程、一个实验的教学方式实现的，不符合多学科融合的要求和学生能力成长的特点，需要按照“新工科”的理念和要求，面向问题，由小到大、由易到难，设置下列一套综合性、项目式的实践教学课程，增强学生的工程实践、科研创新、沟通合作、工程管理、自主学习等能力和水平。

（1）海洋技术专业探索。

（2）海洋探测技术实践。

（3）海洋数据工程实践。

（4）渔村社会调查实践。

第2章　海洋技术本科专业培养模式

人才培养模式是指本专业按照学生成长特点设计的由学生的品格、思维、知识、能力等内容和要求组成的结构体系和实现方式，是人才培养的标准样式，将会贯穿于整个教育教学环节。

海洋技术本科专业人才培养模式是围绕未来海洋技术的需求，参照学生的品格、思维、知识、能力等培养的特点，设计的一套由不同的标准、内容、要求组成的结构体系。按照天津大学人才培养要求，本专业人才培养模式是按照通识教育、专业教育、创新创业、课外实践等课程相结合的方式实现的。

2.1　品格培养

按照天津大学人才培养要求，学生的品格是一个主要由下列标准和内容组成的结构体系，特别是政治思想与意志品质的关系，是学生的品格结构设计的难点，也是本专业人才培养的根本问题。

（1）家国情怀。

（2）国际视野。

（3）实事求是。

（4）意志品质。

学生的品格培养是海洋技术本科专业教学的本质要求，具备关键性、长期性、根本性的特点，是影响未来学生个人发展的根本因素和要求。

学生的品格培养主要是由通识教育与课外实践相结合的方式实现的，不仅需要围绕学生的品格结构和要求，设置与学生的品格培养相关的通识教育课程，同时，又需要与课外实践相结合，设置必要的渔村社会调查等课外实践课程，特别是需要关注学生的品格培养的长期性，强化专业教育中的课程思政，言传身教，润物无声，实现学生由教学实践到品格培养的转化。

图 2.1 给出了学生的品格结构实现的主要方式。

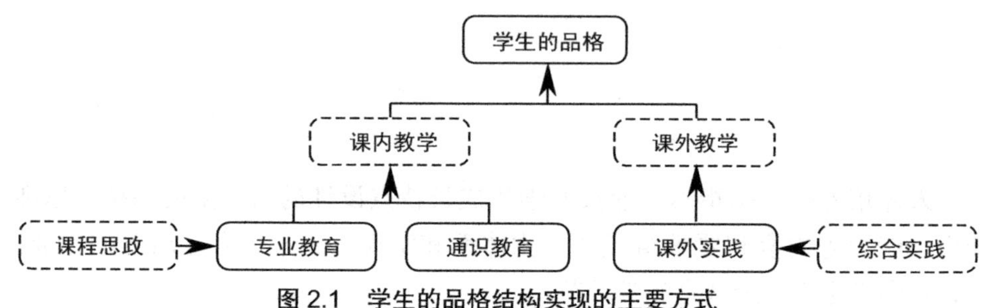

图 2.1　学生的品格结构实现的主要方式

2.2　思维培养

按照海洋技术本科专业的特点，学生的思维是一个主要由下列标准和内容组成的结构体系，特别是创新思维与工程思维的平衡，是学生的思维结构设计的难点，也是本专业人才培养的重要问题。

（1）创新思维。

（2）工程思维。

学生的思维培养是海洋技术本科专业教学的特定要求，具备启发性、联想性、个性化的特点，是影响未来学生个人发展的关键因素和要求。

学生的思维培养主要是由通识教育与创新创业教育相结合的方式实现的，不仅需要围绕学生的思维结构和要求，设置与学生的思维培养相关的通识教育课程，同时，又需要设置必要的学科竞赛、科研实践等创新创业项目，特别是需要关注学生的思维培养的个性化，突出专业教育中的课程思维，科教融合、潜移默化，培养和增强学生的创新思维和工程思维。

图 2.2 给出了学生的思维结构实现的主要方式。

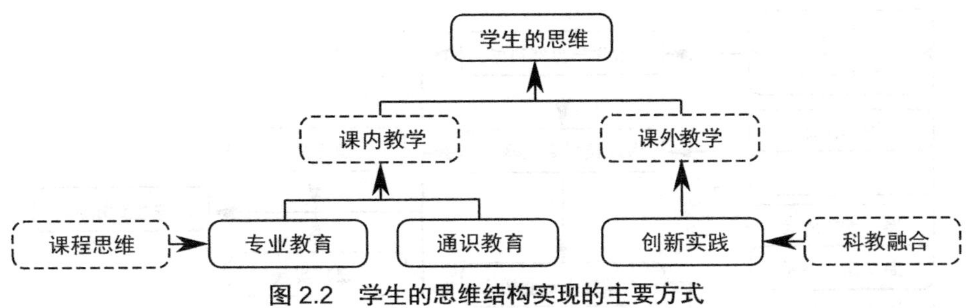

图 2.2　学生的思维结构实现的主要方式

2.3　知识培养

按照未来海洋技术变革的需求，学生的知识是一个主要由下列标准和内容组成的结构体系，特别是专业基础与专业核心的关系，是学生知识结构设计的难点，也是本专业人才培养的重点问题。

（1）数学与自然科学。

（2）海洋技术专业基础。

（3）海洋技术专业核心。

（4）海洋技术专业拓展。

学生的知识培养是海洋技术本科专业教学的重点要求，具有基础性、灌输性、完整性的特点，是影响未来学生个人发展的重点要素和要求。

学生的知识培养主要是由通识教育与专业教育相结合的方式实现的，不仅需要按照面向数据的理念，设置一套完整的由认知、原理、平台、仪器、探测到数据的海洋技术专业课程体系，同时，又需要围绕学生的知识结构和要求，顾及特殊学生的需求，考虑本科生与研究生的关系，深化和拓展海洋技术核心专业课程，理工结合、本研贯通，形成一个完整的知识结构和体系。

图 2.3 给出了学生的知识结构实现的主要方式。

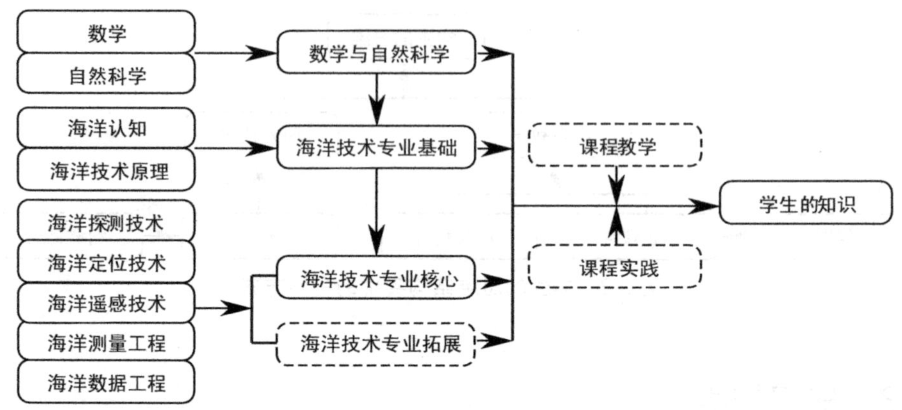

图 2.3　学生的知识结构实现的主要方式

2.4　能力培养

按照未来国家和社会的需求，学生的能力是一个主要由下列标准和内容组成的结构体系，特别是学生特长与综合能力的平衡，是学生的能力结构设计的难点，也是本专业人才培养的核心问题。

（1）工程实践。

（2）科研创新。

（3）工程管理。

（4）沟通合作。

（5）终身学习。

学生的能力培养是海洋技术本科专业教学的核心要求，具备综合性、实践性、创新性的特点，是影响未来学生个人发展的核心要素和要求。

学生的知识培养主要是由专业教育与创新创业教育相结合的方式实现的，不仅需要围绕专业教育课程配置必要的课程设计、上机实验等课程实践的内容，同时，又需要关注一门课程、一个实践的问题，按照课程实践与实践课程相结合的方式，面向需求、学科融合，设置综合性、项目式的工程实践、海上实习等实践教学课程，特别是需要考虑专业教育与创新创业教育的关系，设置学科竞赛、科研实践等课外实践项目，实现学生由实践教学到能力培养的转化。

图 2.4 给出了学生的能力结构实现的主要方式

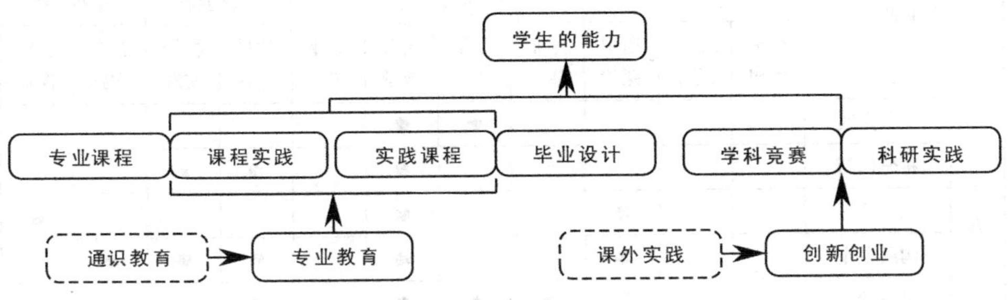

图 2.4　学生的能力结构实现的主要方式

表 2.1 给出了一个海洋技术本科专业人才培养模式的实现方式，显然，按照课程思政、课程思维、实践课程的方式，将会增大通识教育和专业教育等课程对学生的品格、思维、知识、能力等培养的覆盖范围和支撑力度。

表 2.1　海洋技术本科专业人才培养模式的实现方式

学生成长		实现方式										
		通识教育			专业教育				创新创业		课外实践	
		政治思想	专项教育	通识课程	专业基础	专业核心	实践教学	专业拓展	学科竞赛	科研实践	社会实践	实践课程
品格	家国情怀	●				●					●	
	国际视野		●							●		
	实事求是		●				●					●
	意志品质	●	●				●	●	●		●	●
思维	创新思维			●	●				●	●		
	工程思维			●		●						
知识	数学与自然科学		●									
	专业基础				●							
	专业核心					●						
	专业拓展							●				

续表

学生成长		实现方式										
		通识教育			专业教育				创新创业		课外实践	
		政治思想	专项教育	通识课程	专业基础	专业核心	实践教学	专业拓展	学科竞赛	科研实践	社会实践	实践课程
能力	工程实践					●	●					
	科研创新						●		●	●		
	工程管理			●			●					●
	沟通合作			●			●		●	●	●	
	终身学习				●	●	●		●	●		

第3章 海洋技术本科专业培养方案

3.1 专业简介

海洋技术是指按照人类海洋认知和一切海上活动的需求，获取、分析和提供海洋与比邻陆地的人文与自然等环境数据的一门科学与技术。由于信息化技术的变革，海洋数据问题日益突出，目前，不管是国内，或是国外，海洋技术已变成了涉及航海安全、国防安全、海洋工程、海洋环境、海洋资源、海洋科学等许多机构或企业的共同需求，因而，需要在管理、工程、科研、教学等方面培养大量的海洋技术专业人才。

海洋技术源于大航海时代的海洋测绘技术，兴于信息化时代的海洋科学，是一门由海洋测绘、海洋勘探、海洋监测、海洋调查等多学科融合的学科或技术。与海洋测绘、海洋调查等技术不同，海洋技术的目的是面向人类共同的、不是单一的需求，提供一个完整、动态的，不是孤立、静态的海洋环境数据。同时，与目前的大数据等技术也不同，海洋技术的本质是由问题到数据，不是由数据到问题，是数据太少，不是数据太多，因而，非常需要面向数据，设计一套新的海洋技术本科专业人才培养体系。

本方案是按照天津大学人才培养的目标和要求，坚持面向需求、面向未来、面向学生的理念，设计和制定的一套培养海洋技术专业本科学生的指导性文件。本方案不仅提出了海洋技术本科专业的培养目标和毕业要求，给出了海洋技术本科专业人才培养的对象、内容、模式和学习年限，同时，参照海洋技术的概念和特点，围绕学生的品格、思维、知识、能力等的培养，提出了一个面向数据的课程体系和课程修读的指导性意见，目的是面向国家和社会需求，培养大量的德、智、体、美、劳全面发展的海洋技术专业卓越人才。

3.2 培养目标

1. 培养目标

天津大学致力于培养具有“家国情怀、全球视野、创新精神、实践能力”的卓越人才。海洋技术本科专业根据天津大学人才培养目标，围绕国家海洋战略需求，面向人类社会未来发展，突出信息化技术变革，培养德、智、体、美、劳全面发展，能够在政府、部队、事业、企业等涉海机构从事科研、教学、设计、工程、管理等工作的海洋技术专业卓越人才。学生毕业后 5 年左右应达到下列目标。

（1）掌握工程思维和工程管理的方法，具有综合运用相关知识分析和解决海洋技术或工程问题的能力，理解工程实践与社会发展的关系，能够成为企业骨干或自主创业。

（2）掌握创新思维和科学研究的方法，具有创造性提出和分析海洋技术或工程问题的能力，理解工程思维与创新思维的关系，能够取得本领域国内外公认的学术成果。

（3）掌握有效沟通和团队合作的方法，具有国际视野和多学科背景下开展沟通与合作的能力，理解个人与团队、组织和社会的关系，能够成为团队或组织的负责人。

（4）掌握自主学习和获取知识的方法，具有家国情怀、实事求是、正确认知自我和勇于探索的品质，理解终身学习与个人发展的关系，能够展现出良好的个人发展潜力。

2. 专业特色

本专业人才培养体系是按照面向需求、面向未来、面向学生的理念设计的，围绕未来人类的共同需求，实现了海洋测绘、海洋监测、海洋勘测、海洋调查等工程和技术的融合。同时，围绕海洋数据，又由海洋探测的平台、仪器、测量到数据，实现了海洋探测技术、海洋遥感技术、海洋测量工程、海洋数据工程等学科和技术的融合，形成了一个新的特色突出的海洋技术本科专业人才培养体系。

（1）面向未来。海洋面积巨大、环境恶劣，探测难度极大，特别是由于信息化技术的变革，海洋数据问题日益突出，是未来人类社会需要长期面临和关注的一个重大问题。按照海洋技术的概念，海洋技术是面向数据的，完全符合未来海洋技术的变革和需求，因而，海洋技术具备了突出的面向未来的专业特色。

（2）学科融合。海洋技术是一门海洋测绘、海洋调查等多学科、多技术融合的科学与技术，同时，又与海洋测绘、海洋调查等技术不同。海洋技术是面向人类的共同需求，是一个完整的由海洋探测的平台、仪器、探测、数据等组成的技术体系，因而，海洋技术具备了突出的多学科融合的专业特色。

（3）技术引领。海洋技术兴于信息化技术的变革，是一个新的面向数据的学科或技术。不管是国内，或是国外，开始关注和重视海洋数据的本质和内涵的时间都不太长，目前，依然没有形成一个国内外学界公认的海洋技术的概念和体系，学科引领和技术突破的可能性极大。因而，海洋技术具备了突出的技术引领的专业特色。

（4）需求强劲。海洋数据是人类海洋认知和一切海上活动的共同需求，涉及航海安全、国防安全、海洋工程、海洋环境、海洋资源、海洋科学等领域大量的涉海机构，是一切涉海工程和技术实现信息化变革的必要条件，学生就业渠道广，个人发展潜力大，因而，海洋技术具备了突出的需求强劲的专业特色。

3.3　毕业要求

本专业学生主要学习数学、物理、计算机等自然科学基本知识，学习海洋科学、海洋机械、海洋声学、海洋光学、误差理论等海洋技术基础知识，学习海洋探测技术、海洋定位技术、海洋遥感技术、海洋测量工程、海洋数据工程等海洋技术专业知识，完成海洋认知、设计研发、工程实践等多方面的综合训练。本专业毕业生应符合下列毕业要求。

毕业要求1。工程知识：能够运用数学与自然科学、海洋技术基础、海洋技术专业知识，解决复杂的海洋技术或工程问题。

毕业要求1.1。数学与自然科学：能够运用下列数学与自然科学知识解决复杂的海洋技术或工程问题。

指标点 1.1.1：数学。

指标点 1.1.2：物理、化学和计算机。

毕业要求 1.2。海洋技术基础：能够运用下列海洋技术基础知识解决复杂的海洋技术或工程问题。

指标点 1.2.1：海洋认知。

指标点 1.2.2：海洋技术原理。

毕业要求 1.3。海洋技术专业：能够运用下列海洋技术专业知识解决复杂的海洋技术或工程问题。

指标点 1.3.1：海洋探测技术。

指标点 1.3.2：海洋定位技术。

指标点 1.3.3：海洋遥感技术。

指标点 1.3.4：海洋测量工程。

指标点 1.3.5：海洋数据工程。

毕业要求 2。问题分析：能够运用自然科学和工程科学的基本原理，识别、判断和表达复杂的海洋技术或工程问题，并通过文献研究分析影响海洋技术或工程的关键因素，并能获得有效结论。

毕业要求 2.1。识别表达：具备下列识别和表达问题的能力。

指标点 2.1.1：识别和判断问题的关键环节或参数。

指标点 2.1.2：运用数学等知识，描述和表达问题。

毕业要求 2.2。分析研究：具备下列分析和研究问题的能力。

指标点 2.2.1：查阅和研究与问题相关的文献。

指标点 2.2.2：分析问题，获取合理有效结论。

毕业要求 3。设计开发：能够设计针对复杂的海洋技术或工程问题的解决方案，设计满足特定需求的系统、单元（部件）或工艺流程，并能够在设计环节中体现创新意识和创造能力，考虑到社会、健康、安全、法律、文化以及环境等因素的影响。

毕业要求 3.1。技术开发：具备下列海洋技术或工程开发的能力。

指标点 3.1.1：海洋探测仪器相关器件。

指标点 3.1.2：海洋定位技术相关算法。

指标点 3.1.3：海洋遥感技术相关算法。

指标点 3.1.4：海洋测量技术相关算法。

指标点 3.1.5：海洋地理信息技术相关算法。

毕业要求 3.2。工程设计：具备下列海洋技术或工程设计的能力。

指标点 3.2.1：海洋探测平台相关部件。

指标点 3.2.2：海岸摄影测量相关工程。

指标点 3.2.3：海洋水文观测相关工程。

指标点 3.2.4：海底地形测量相关工程。

指标点 3.2.5：海洋数据制图相关工程。

毕业要求 3.3。创新意识：具备创新意识和创造能力，能够考虑社会、健康、安全、法律、文化以及环境等因素的影响。

指标点 3.3.1：在设计环节中能够体现创新意识和创造能力。

指标点 3.3.2：能够考虑社会、健康、安全、法律、文化以及环境等因素的影响。

毕业要求 4。科学研究：能够基于科学原理并采用科学方法对复杂的海洋技术或工程问题进行研究，包括设计实验、分析与解释数据，并通过信息综合得到合理有效的结论。

毕业要求 4.1。方案设计：具备下列科研方案的设计能力。

指标点 4.1.1：调查和分析研究问题。

指标点 4.1.2：设计和提出研究方案。

毕业要求 4.2。数据获取：具备下列研究数据的获取能力。

指标点 4.2.1：搭建和测试研究条件。

指标点 4.2.2：操作和采集研究数据。

毕业要求 4.3。数据分析：具备下列研究数据的分析能力。

指标点 4.3.1：分析和解释研究数据。

指标点 4.3.2：获得合理有效的结论。

毕业要求 5。现代工具：能够针对复杂海区或特定需求，开发、选择和使用恰当的技术、资源、现代工程工具和信息技术工具，包括对复杂海洋技术或工程问题的预测与模拟，并能够理解其局限性。

毕业要求 5.1。工具知识：了解国内外主要的海洋技术工具，并能够理解其局限性。

指标点 5.1.1：了解国内外主要的海洋技术工具。

指标点 5.1.2：能够理解工具使用的局限性。

毕业要求 5.2。工程工具：具备选择和使用下列海洋技术工程工具的能力。

指标点 5.2.1：海洋技术设计工具。

指标点 5.2.2：海洋定位和测姿仪器。

指标点 5.2.3：机载海岸摄影仪器。

指标点 5.2.4：海洋水声测量仪器。

毕业要求 5.3。信息工具：具备开发和使用下列海洋技术信息工具的能力。

指标点 5.3.1：数字摄影测量工具。

指标点 5.3.2：海洋测量数据分析工具。

指标点 5.3.3：海洋制图与编绘工具。

指标点 5.3.4：海洋地理信息技术开发工具。

毕业要求 6。工程与社会：能够基于工程相关背景知识进行合理分析，评价复杂的海洋技术或工程实践对社会、健康、安全、法律和文化等的影响，并理解应承担的责任。

毕业要求 6.1。社会知识：了解安全、法律、文化等工程背景知识和要求。

指标点 6.1.1：了解安全、法律、文化等工程背景知识。

指标点 6.1.2：了解安全、法律、文化等相关政策和要求。

毕业要求 6.2。社会评价：具备评价工程对安全、法律、文化等影响的能力。

指标点 6.2.1：能够合理分析工程与安全、法律、文化等的关系。

指标点 6.2.2：能够评价工程对安全、法律、文化等的影响，理解应承担的责任。

毕业要求 7。工程与环境：能够理解和评价针对复杂的海洋技术或工程实践对环境和社会可持续发展的影响。

毕业要求 7.1。环境知识：了解环境和社会可持续发展等知识和要求。

指标点 7.1.1：了解环境和可持续发展等工程背景知识。

指标点 7.1.2：了解环境和可持续发展等相关政策和要求。

毕业要求 7.2。环境评价：具备评价工程对环境和社会可持续发展影响的能力。

指标点 7.2.1：能够理解工程与环境和社会可持续发展的关系。

指标点 7.2.2：能够合理评价工程对环境和社会可持续发展的影响。

毕业要求 8。思想品格：具有家国情怀和社会责任感，在海洋技术或工程实践中能够正确认知自我、实事求是，理解并遵守工程职业道德规范，履行责任。

毕业要求 8.1。家国情怀：热爱祖国，激情自信，具有家国情怀和兴学强国的使命感。

指标点 8.1.1：热爱祖国、遵纪守法、具有正确的世界观、人生观、价值观和海洋观。

指标点 8.1.2：激情自信、奋发图强，具有家国情怀和兴学强国的使命感。

毕业要求 8.2。职业规范：爱岗敬业、履职尽责，具有良好的职业道德和社会责任感。

指标点 8.2.1：爱岗敬业、履职尽责、诚实守信，自觉遵守职业道德和规范。

指标点 8.2.2：实事求是、知行合一，能够正确认知自我，具有社会责任感。

毕业要求 9。个人和团队：个人身心健康全面发展，具有团队精神，能够在多学科背景下的团队中承担个体、团队成员以及负责人的角色，并具备能够促进组织发展与进步的领导力和执行力。

毕业要求 9.1。团队意识：具备团队精神和健康的身体及心理素质。

指标点 9.1.1：具备健康的身体和心理素质。

指标点 9.1.2：具备大局意识和团队精神，崇尚集体荣誉。

毕业要求 9.2。合作能力：具备在多学科背景下的团队中有效合作的能力。

指标点 9.2.1：能够在多学科背景下的团队中独立或合作开展工作。

指标点 9.2.2：能够有效组织、指挥和推动团队开展工作。

毕业要求 10。沟通：能够就复杂的海洋技术或工程问题与业界同行及社会公众进行有效沟通和交流，善于表达和交流，包括撰写报告和设计文稿、陈述发言、清晰表达或回应指令，并具备国际视野和跨文化沟通与合作能力。

毕业要求 10.1。沟通知识：掌握有效的跨文化沟通与交流的方法。

指标点 10.1.1：掌握有效沟通和交流的方法。

指标点 10.1.2：掌握基本的跨文化交流知识。

毕业要求 10.2。沟通能力：具备国际视野和跨文化有效沟通和交流的能力。

指标点 10.2.1：具备有效沟通、交流和表达的能力。

指标点 10.2.2：具备国际视野和跨文化沟通与合作能力。

毕业要求 11。项目管理：理解和掌握工程质量与经济管理方法，具备在多学科海洋技术或工程项目中工程质量和经济管理的能力。

毕业要求 11.1。管理知识：掌握项目管理相关知识和要求。

指标点 11.1.1：掌握工程质量管理的知识和要求。

指标点 11.1.2：掌握工程经济管理的知识和要求。

毕业要求 11.2。管理能力：具备海洋技术项目管理的能力。

指标点 11.2.1：具备海洋技术项目质量管理的能力。

指标点 11.2.2：具备海洋技术项目经济管理的能力。

毕业要求 12。终身学习：笃信好学、主动适应个人和职业发展的需要，具有自觉、主动和终身学习的意志和能力。

毕业要求 12.1。自学意识：具备适应未来、终身学习的意识。

指标点 12.1.1：具备适应未来、主动学习的自觉性。

指标点 12.1.2：具备不断学习、终身学习的意志力。

毕业要求 12.2。自学能力：具备自主学习、获取知识的能力。

指标点 12.2.1：具备查阅文献、归纳总结的能力。

指标点 12.2.2：具备自主学习、获取知识的能力。

3.4 培养环节

按照教育部本科专业设置要求，本专业隶属于海洋科学类，学制采取 4 年指导性学分制。学分修满，符合天津大学本科生学位授予规定和要求，授予工学学士学位。

按照天津大学本科专业人才培养要求，本专业的培养环节是围绕学生的品格、思维、知识、能力等全面成长，同时，与课程体系、教学模式等相结合，主要由下列三个教学环节实现。

1. 入学教育环节

学生的质量和兴趣是实现本专业培养目标和毕业要求的必要条件，因而，单一的招生宣传和入学教育是不够的，面对新生的兴趣和疑虑，需要与本科导师的评聘和指导等相结合，同时，增设由探测平台、海图识图、影像调绘等组成的海洋技术专业探索项目，尽量招入和汇聚高水平、高质量的学生。

2. 教学培养环节

按照天津大学本科课程设置要求，本培养环节主要是按照学生的品格、思维、知识、能力等结构和成长的特点，由通识教育、专业教育、全面教育三个教育阶段和创新创业、课外实践等课程或项目的教学完成的。

（1）通识教育：主要设置于大学一、二年级，重点围绕学生的品格和思维的培养，同时，与入学教育、大类导论等课程相结合，完成人文与社会科学、数学与自然科学等课程的学习。

（2）专业教育：主要设置于大学二、三年级，重点围绕学生的品格和知识的培养，同时，与通识教育、课程思政等方式相结合，完成海洋技术基础、海洋技术专业等课程的学习。

（3）全面教育：主要设置于大学三、四年级，重点围绕学生的品格和能力的培养，同时，与创新创业、课外实践等项目相结合，完成学生的实践教学、创新创业、课外实践等课程的学习。

3. 毕业分流环节

本培养环节设置于大学四年级，与专业拓展、实践教学、毕业设计、课外实践等课程相结合，按照本研贯通和教研融合的培养模式，引导和强化学生的兴趣与志向，指导和实现学生的深造或就业。

3.5　课程体系

1. 课程体系结构

按照海洋技术本科专业毕业要求，围绕学生的品格、思维、知识、能力等全面培养，同时，与海洋技术的内涵和特点相结合，面向未来、强化需求、突出特色，设计和提出了一套完整的由课程群、课程模块、课程组成的课程体系。

表 3.1 给出了海洋技术本科专业课程的结构体系，显然，课程体系是一个完整的由通识教育、专业教育、创新创业、课外实践等 4 个课程群、25 个课

程模块、75 门课程组成的结构体系，共需修 167 个学分。

表 3.1 海洋技术本科专业课程结构体系

课程群	课程类型	课程模块	课程性质	课程数量	建议学分	开设学期
通识教育	政治思想	政治思想	必修	5 门	16	1~8
	专项教育	训练与健康	必修	3 门	8.5	1~4
		外语		1 门	8	1~4
		数学与自然科学		9 门	33.5	1~3
	通识核心	通识核心	必修	4 门	5.5	1、5
	通识拓展	公共通识	选修	4 门	8	1~2
		大类导论	必修	3 门	7	1~2
专业教育	专业基础	海洋认知	必修	3 门	6	3
		海洋技术原理		6 门	16.5	3~4
	专业核心	海洋探测技术	必修	2 门	4.5	5
		海洋定位技术		2 门	4.5	5
		海洋遥感技术		2 门	4.5	5
		海洋测量工程		2 门	4	5
		海洋数据工程		2 门	4	5~6
	专业拓展	海洋探测技术	选修	3 门	4	6
		海洋定位技术		3 门		6
		海洋遥感技术		3 门		6
		海洋测量工程		3 门		6
		海洋数据工程		3 门		6
	实践教学	实践教学项目	必修	3 门	14.5	7
		毕业设计 / 论文		1 门	12	8
创新创业	创新创业	创新创业项目	选修	2 个	4	7
		跨学科课程		2 门		5、7
课外实践	课外实践	课外实践课程	选修	2 门	2	1~6
		课外实践项目		2 个		1~6
总计				75 门	167	1~8

2. 课程体系设置

（1）通识教育课程群。本通识教育课程群是由政治思想、专项教育、通识核心、通识拓展等 4 个课程类型、7 个课程模块、29 门课程组成的，共需修 86.5 学分，政治思想是按照教育部要求设置的，需修 16 学分；专项教育是由训练与健康、外语、数学与自然科学等 3 个课程模块组成的，需修 50 学分；通识核心是按照天津大学要求设置的，需修 5.5 学分；通识拓展设置了公共通识、大类导论 2 个课程模块，需修 15 学分。大类导论是通识教育的拓展和深化，是本科生和研究生的同修课程。

表 3.2 给出了通识教育课程群的课程设置。

表 3.2　通识教育课程群的课程设置

<table>
<tr><th>课程类型</th><th>课程模块</th><th colspan="2">课程名称</th><th>课程性质</th><th>建议学分</th><th>开设学期</th></tr>
<tr><td rowspan="5">政治思想</td><td rowspan="5">政治思想</td><td colspan="2">思想道德修养与法律基础</td><td rowspan="5">必修</td><td>3</td><td>1</td></tr>
<tr><td colspan="2">中国近代史纲要</td><td>3</td><td>3</td></tr>
<tr><td colspan="2">马克思主义基本理论</td><td>3</td><td>5</td></tr>
<tr><td colspan="2">毛泽东思想和中国特色社会主义理论体系概论</td><td>5</td><td>6</td></tr>
<tr><td colspan="2">形势与政策教育</td><td>2</td><td>1~8</td></tr>
<tr><td rowspan="13">专项教育</td><td rowspan="3">训练与健康</td><td colspan="2">体育</td><td rowspan="3">必修</td><td>4</td><td>1~4</td></tr>
<tr><td colspan="2">军事</td><td>4</td><td>2~3</td></tr>
<tr><td colspan="2">健康教育</td><td>0.5</td><td>1</td></tr>
<tr><td>外语</td><td colspan="2">大学英语 1、2、3、4</td><td>必修</td><td>8</td><td>1~4</td></tr>
<tr><td rowspan="9">数学与自然科学</td><td rowspan="3">数学</td><td>高等数学 2A、2B</td><td rowspan="3">必修</td><td>11</td><td>1~2</td></tr>
<tr><td>线性代数及其应用</td><td>3.5</td><td>2</td></tr>
<tr><td>概率论与数理统计</td><td>3</td><td>3</td></tr>
<tr><td rowspan="3">物理</td><td>大学物理 1A、1B</td><td rowspan="3">必修</td><td>8</td><td>2~3</td></tr>
<tr><td>大学化学</td><td>2</td><td>2</td></tr>
<tr><td>物理实验 A、B</td><td>2</td><td>3~4</td></tr>
<tr><td rowspan="3">计算机</td><td>大学计算机基础</td><td rowspan="3">必修</td><td>0</td><td>1</td></tr>
<tr><td>C++ 程序设计</td><td>2</td><td>3</td></tr>
<tr><td>数据库设计</td><td>2</td><td>3</td></tr>
</table>

续表

课程类型	课程模块	课程名称	课程性质	建议学分	开设学期
通识核心	通识核心	择业指导	必修	2	5
		法制安全教育		0.5	1
		诚信教育		1	1
		大学生心理健康		2	1~2
通识拓展	公共通识	思维培养与沟通	选修	2	6
		社会与哲学		2	6
		环境与可持续发展		2	6
		中西海洋文化比较		2	2
	大类导论	海洋科学导论	必修	3	1
		海洋技术导论		2	1
		海洋管理导论		2	2

（2）专业教育课程群。本专业教育课程群是由专业基础、专业核心、实践教学、专业拓展等 4 个课程类型、9 个必修课程模块、5 个选修课程模块、38 门课程组成的，共需修 74.5 学分，专业基础设置了海洋认知、海洋技术原理等 2 个课程模块，需修 22.5 学分；专业核心是由海洋探测技术、海洋定位技术、海洋遥感技术、海洋测量工程、海洋数据工程等 5 个课程模块组成的，需修 21.5 学分；实践教学设置了实践教学项目、毕业设计等 2 个课程模块，需修 26.5 学分，实践教学项目是按照多学科融合、项目式教学的思路设计的，主要设置了海洋技术专业探索、海洋探测技术实践、海洋数据工程实践等 3 个项目；专业拓展是专业核心课程的拓展和深化，是本硕博贯通的课程，需修 4 学分。

表 3.3 给出了专业教育课程群的课程设置。

表 3.3　专业教育课程群的课程设置

课程类型	课程模块	课程名称	课程性质	建议学分	开设学期
专业基础	海洋认知	潮汐学	必修	2	3
		海洋地质学		2	3
		航海学		2	2
	海洋技术原理	电工学原理	必修	3	3
		信号与系统		3	3
		海洋机械原理		2.5	4
		海洋光学原理		2.5	4
		海洋声学原理		2.5	4
		误差理论与测量平差		3	4
专业核心	海洋探测技术	海洋探测平台	必修	2	5
		海洋探测仪器		2.5	5
	海洋定位技术	海洋大地测量	必修	2	5
		海洋定位技术		2.5	5
	海洋遥感技术	海洋遥感技术	必修	2.5	5
		海岸地形测量		2	5
	海洋测量工程	海底地形测量	必修	2	5
		海洋水文观测		2	5
	海洋数据工程	海洋制图学	必修	2	5
		海洋地理信息工程		2	6
实践教学	实践教学项目	海洋技术专业探索	必修	0.5	1
		海洋探测技术实践		8	4~7
		海洋数据工程实践		6	7
	毕业设计 / 论文	毕业设计 / 论文		12	8

续表

课程类型	课程模块	课程名称	课程性质	建议学分	开设学期
专业拓展	海洋探测技术	智能海洋探测技术	选修	2	6
		海洋激光探测技术		2	6
		海洋水声探测技术		2	6
	海洋定位技术	海洋北斗技术	选修	2	6
		惯性导航技术		2	6
		水声定位技术		2	6
	海洋遥感技术	海洋微波遥感	选修	2	6
		海洋光学遥感		2	6
		海洋卫星测高		2	6
	海洋测量工程	海洋气象观测	选修	2	6
		海洋地质测量		2	6
		海洋环境监测		2	6
	海洋数据工程	海洋数据分析	选修	2	6
		海洋数据可视化		2	6
		海洋 GIS 开发		2	6

（3）创新创业课程群。本创新创业课程群是由创新创业项目、跨学科课程2个课程模块，2门课程和2个项目组成的，需修满4个学分。创新创业项目是按照教研融合、项目教学的思路设计的，主要设置了学科竞赛、科研实践等2个项目。

表3.4给出了创新创业课程群的课程设置。

（4）课外实践课程群。本课外实践课程群是由课外实践课程、课外实践项目等2个课程模块，2门课程和2个项目组成的，需修满2个学分。课外实践项目是按照“三全育人”、项目教学的思路设计的，主要设置了海洋影视记录、渔村社会实践等2个项目，课外实践课程可参见天津大学课外实践课程表。

表3.5给出了课外实践课程群的课程设置。

表 3.4　创新创业课程群的课程设置

课程类型	课程模块	课程名称	课程性质	建议学分	开设学期
创新创业	创新创业项目	学科竞赛	选修	2	6—7
		科研实践		2	6—7
	跨学科课程	传感器原理与技术	选修	3	6
		工程项目质量管理		2	6

表 3.5　课外实践课程群的课程设置

课程类型	课程模块	课程名称	课程性质	建议学分	开设学期
课外实践	课外实践课程	海马大讲堂	选修	0	3—6
		课外实践课程		2	1—4
	课外实践项目	海洋影视记录	选修	2	1—6
		渔村社会实践		2	4—6

3. 课程逻辑关系

按照学生的品格、思维、知识、能力等培养和成长的特点，特别是参照海洋技术知识体系的构成和关系，设计和提出了不同课程修读的次序，形成了一个完整的海洋技术本科专业课程修读的逻辑关系。

图 3.1 给出了海洋技术本科专业课程的逻辑关系。

3.6　毕业要求实现矩阵

本课程体系是按照毕业要求设置的，与毕业要求密切相关，1 门课程可支撑或覆盖 1 个或多个不同的毕业要求，同时，一个毕业要求又是由 1 门或多门不同的课程支撑和实现的，因而，与课程教学的内容、模式、评价等相结合，实现由课程体系向毕业要求的转变，是人才培养的本质要求。

表 3.6 给出了海洋技术本科专业必修课程与毕业要求的关系。

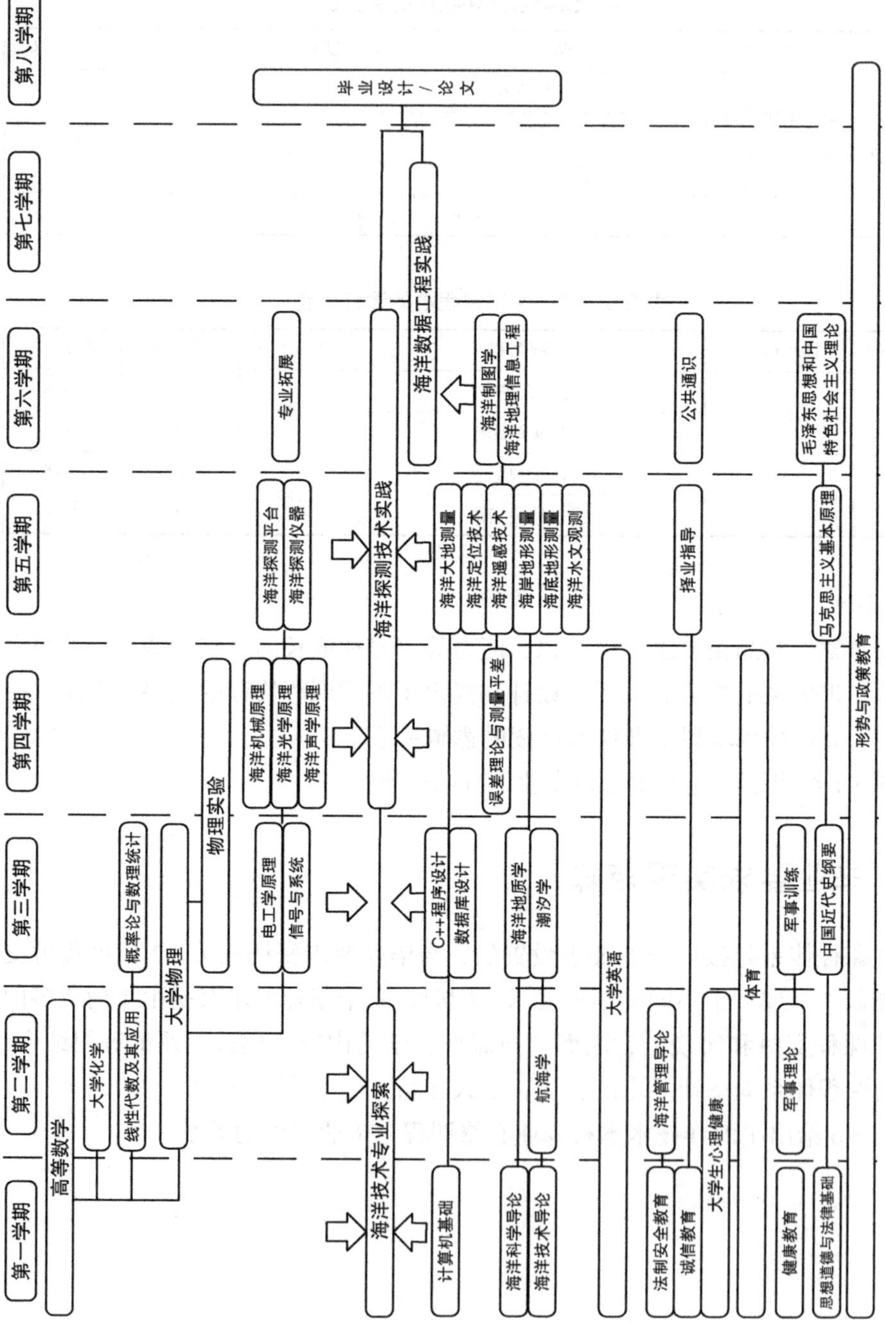

第一学期 第二学期 第三学期 第四学期 第五学期 第六学期 第七学期 第八学期

高等数学
大学化学
线性代数及其应用
概率论与数理统计
大学物理
物理实验
电工学原理
信号与系统
海洋机械原理
海洋光学原理
海洋声学原理
海洋探测平台
海洋探测仪器
专业拓展
毕业设计/论文
海洋技术专业探索
海洋探测技术实践
海洋数据工程实践
计算机基础
C++程序设计
数据库设计
误差理论与测量平差
海洋大地测量
海洋定位技术
海洋遥感技术
海岸地形测量
海底地形测量
海洋水文观测
海洋制图学
海洋地理信息工程
海洋科学导论
海洋技术导论
航海学
海洋地质学
潮汐学
大学英语
法制安全教育
诚信教育
海洋管理导论
大学生心理健康
体育
择业指导
公共通识
健康教育
军事理论
军事训练
思想道德与法律基础
中国近代史纲要
马克思主义基本原理
毛泽东思想和中国特色社会主义理论
形势与政策教育

图 3.1 海洋技术本科专业课程的逻辑关系图

表 3.6　海洋技术本科专业必修课程与毕业要求的关系

课程体系		毕业要求																											
课程类型	课程名称	1			2		3			4			5			6		7		8		9		10		11		12	
		数学与自然科学	海洋技术基础	海洋技术专业	识别表达	分析研究	技术开发	工程设计	创新意识	设计方案	获取数据	分析数据	工具知识	工程工具	信息工具	社会知识	社会评价	环境知识	环境评价	家国情怀	职业规范	团队意识	合作能力	沟通知识	沟通能力	管理知识	管理能力	自学意识	自学能力
政治思想	思想道德修养与法律基础																			●									
	中国近代史纲要																			●									
	马克思主义基本理论																			●									
	毛泽东思想和中国特色社会主义理论体系概论																			●									
专项教育	体育																				●	●	●						
	军事																			●		●	●						
	健康教育																				●								
	大学英语																							●	●				
	高等数学	●																											
	线性代数及其应用	●																											
	概率论与数理统计	●																											
	大学物理	●																											
	大学化学	●																											
	大学计算机基础	●																											
	C++ 程序设计	●																											
	数据库设计	●																											

续表

课程体系		毕业要求																											
课程类型	课程名称	1			2		3			4			5			6		7		8		9		10		11		12	
		数学与自然科学	海洋技术基础	海洋技术专业	识别表达	分析研究	技术开发	工程设计	创新意识	设计方案	获取数据	分析数据	工具知识	工程工具	信息工具	社会知识	社会评价	环境知识	环境评价	家国情怀	职业规范	团队意识	合作能力	沟通知识	沟通能力	管理知识	管理能力	自学意识	自学能力
通识核心	择业指导															●	●				●							●	
	法制安全教育															●	●												
	诚信教育																				●								
	大学生心理健康																			●									
通识拓展	海洋科学导论				●	●																						●	●
	海洋技术导论				●	●																						●	●
	海洋管理导论																									●	●	●	●
专业基础	潮汐学		●		●	●																						●	●
	海洋地质学		●		●	●																						●	●
	航海学		●		●	●																						●	●
	电工学原理		●		●	●																						●	●
	信号与系统		●		●	●																						●	●
	海洋机械原理		●		●	●							●		●													●	●
	海洋光电原理		●		●	●							●	●														●	●
	海洋声学原理		●		●	●																						●	●
	误差理论与测量平差		●		●	●																						●	●

续表

课程体系		毕业要求																											
课程类型	课程名称	1			2		3			4			5			6		7		8		9		10		11		12	
		数学与自然科学	海洋技术基础	海洋技术专业	识别表达	分析研究	技术开发	工程设计	创新意识	设计方案	获取数据	分析数据	工具知识	工程工具	信息工具	社会知识	社会评价	环境知识	环境评价	家国情怀	职业规范	团队意识	合作能力	沟通知识	沟通能力	管理知识	管理能力	自学意识	自学能力
专业核心	海洋探测平台			●			●	●	●				●	●						●								●	●
	海洋探测仪器			●			●	●	●				●	●						●								●	●
	海洋大地测量			●			●	●	●				●	●						●								●	●
	海洋定位技术			●			●	●	●				●	●						●								●	●
	海洋遥感技术			●			●	●	●				●		●					●								●	●
	海岸地形测量			●			●	●	●				●	●	●					●								●	●
	海底地形测量			●			●	●	●				●	●	●					●								●	●
	海洋水文观测			●			●	●	●				●	●						●								●	●
	海洋制图学			●			●	●	●				●		●					●								●	●
	海洋地理信息工程			●			●	●	●				●		●					●								●	●
实践教学	海洋技术专业探索																			●								●	●
	海洋探测技术实践						●	●	●	●	●	●				●	●	●	●			●	●	●	●	●	●		
	海洋数据工程实践						●	●	●							●	●	●	●			●	●	●	●	●	●		
	毕业设计 / 论文									●	●	●												●	●			●	●

第 4 章　海洋技术本科专业教学大纲要求

教学大纲是一个课程教学和评价的指导性文件，是按照本课程可支撑的毕业要求设计的，涉及课程简介、参考教材、学分学时、教学方式、课程目标、课程内容、教学要求、课程评价等内容，其中课程目标、教学要求和课程评价是教学大纲的主要内容和要求。

4.1　课程目标

课程目标是指本课程可支撑和实现的毕业要求，不同的课程将会支撑或覆盖不同的毕业要求，因而，课程目标是分解和量化的毕业要求，与教学的内容和方式密切相关，是本课程教学大纲的一个核心内容和要求。

课程目标的设计依赖于本课程的教学内容，按照课程体系与毕业要求的关系，不同的课程类型和教学内容，需要设计和形成不同的课程目标。例如：思想政治理论课程需要支撑与家国情怀、职业品格等相关的毕业要求，数学与自然科学课程需要支撑与工程知识、问题分析等相关的毕业要求，专业核心课程需要支撑与工程知识、设计开发等相关的毕业要求，实践教学课程需要支撑与科学研究、项目管理等相关的毕业要求。

课程目标的设计关联于课程的教学方式，不同的课程目标主要是由课堂教学、实践教学、课外实践等不同的教学方式实现的，特别是课堂教学，按照课程思政的方式，由学生的知识到品格，拓展和深化了专业课程可支撑和实现的课程目标。同时，可由项目式的实践教学，改变一门课程、一个实验的教学方式，实现和支撑设计开发、工程管理、自主学习等多个不同的课程目标。

课程目标的设计源于毕业要求的指标点，与毕业要求的指标点相比，课程目标将会更加具体和翔实，是一门课程的可落实、可衡量的教学标准。因而，课程目标的设计需要按照不同的教学内容和教学方式，尽量聚焦于毕业要求的主要指标点，不要试图支撑或覆盖太多的毕业要求，否则，会影响课程目标的实现和评价。

4.2 教学要求

毕业要求是按照国家工程教育认证的标准和理念设计的，课程目标是面向毕业要求的，是一门课程教学和实现的目标，不是具体的教学要求，因而，按照学生成长的特点和人才培养的模式，又需要设计和提出不同的由学生的品格、思维、知识、能力等组成的教学要求。

教学要求是指本课程可完成的学生的品格、思维、知识、能力等培养的标准和要求，是按照本专业人才培养模式和要求，一个再分类、再细化的课程目标，与课程目标相比，会更加易于本课程的教学与评价，是课程教学大纲中的一个重要内容。

教学要求是面向课程目标的，需要支撑或覆盖本课程全部的课程目标，与教学内容和教学方式相关，不同的课程需要设置不同的教学要求，图 4.1 给出了教学要求与课程目标的关系。显然，教学要求是按照学生的品格、思维、知识、能力等培养的要求设置的，与课程目标相结合，形成一个由教学要求到课程目标，再到毕业要求的本专业教学质量评价体系。

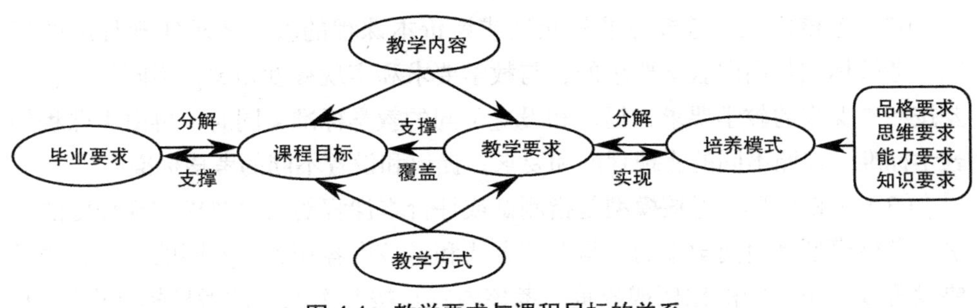

图 4.1 教学要求与课程目标的关系

4.3 课程评价

按照课程目标与教学要求的关系，课程目标是面向毕业要求的，突出反映了本课程可支撑或覆盖的毕业要求，教学要求是面向课程目标的，是衡量和评价本课程教学质量的标准，课程评价是按照由教学要求到课程目标的方式实现的，是课程教学大纲中的一个重要内容。

课程评价是指一套测试和评价本课程的教学要求和课程目标实现程度的标准与方法，是由不同的考核方式、考核标准、考核模型、课程总结等组成的，图 4.2 给出了一个完整的课程评价的实现方式。显然，不同课程的评价是按照不同的考核方式、标准和模型，由教学要求的考核到课程目标的评价的方式实现的。

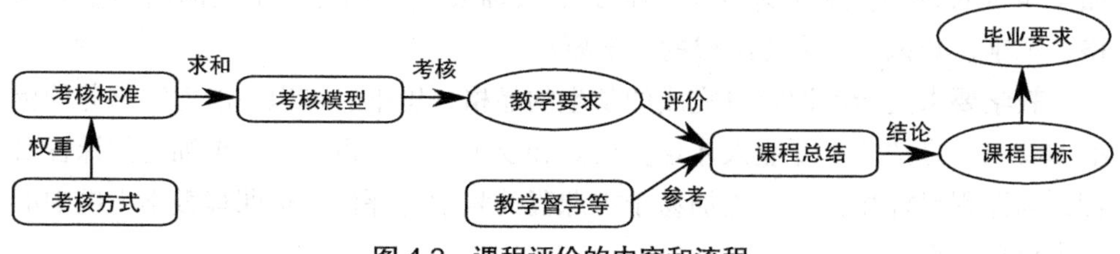

图 4.2　课程评价的内容和流程

（1）考核方式。考核方式是指测试或评价本课程的教学要求实现程度的方式。考核方式是面向课程的，与课程类型和教学方式相关，同时，又会影响本课程评价的标准和模型，是课程评价的重要环节，参照本专业的课程体系和教学方式，主要采取平时表现、闭卷或开卷考试、论文或报告、答辩或口试等考核方式。

（2）考核标准。考核标准是测试或评价本课程的教学要求实现程度的标准。考核标准是面向教学要求的，与教学要求和实现程度相关，不同的课程需要按照本课程的教学要求，提出和设置不同的教学标准，同时，再由本课程的教学标准，按照不同的实现程度和要求，提出和设置不同的考核标准。

（3）考核模型。考核模型是指测试或评价本课程的教学要求实现程度的算法。考核模型是面向学生的，与考核方式和考核内容相关，不同的考核方式需要设置或赋予不同的比例或权重。考核内容是按照本课程的考核标准设置的，需要与教学要求相一致，因而，考核模型是一个评价考核内容和方式的算法。

（4）课程总结。课程总结是指对本课程的课程目标实现程度的分析和总结。课程总结是面向课程目标的，与课程目标和实现程度相关，需要按照课程目标与教学要求的关系，综合分析考核内容、教学方式、考核结果、教学督导等环节，客观给出本课程的课程目标实现程度的评价和结论，同时，合理提出本课程教学环节中需要改善的问题和意见。

第 5 章　海洋技术大类导论课程教学大纲

5.1　海洋科学导论

1. 基本信息

课程代码	2270103	课程名称	海洋科学导论	英文名称	Introduction to Marine Science		
课程类别	大类课程	课程性质	必修	学时 / 学分	48/3	适用专业	海洋技术
预修课程	高等数学、大学物理				同修课程	海洋技术导论	
参考教材	海洋科学导论，冯士筰等主编，高等教育出版社，1999				授课学院	海洋科学与技术学院	

2. 课程简介

本课程是海洋技术本科专业的大类通识课程，会将学生引入一个完整的海洋科学体系，学生不仅能够了解海洋科学的意义和特征，掌握海洋科学的基本概念、内容和方法，学会海洋科学体系的本质和联系，也能够将数学等相关知识应用于解决复杂的海洋科学问题。

3. 课程目标

（1）掌握海洋学的基本概念、原理和方法，能够解决复杂的海洋现象的分析和认知等问题。

（2）能够针对复杂的海洋现象，识别和表达关键的影响环节或因素，分析和获取有效结论。

（3）能够针对特定的问题，推理和发现影响问题的本质、联系或规律，并能体现创新意识。

（4）能够针对特定的需求，理解海洋科学与环境的关系，考虑环境和社会可持续发展问题。

（5）能够针对特定的要求，查阅文献、自主学习，分析和解决与教学内容相关的理论问题。

（6）了解海洋科学的意义和国内外现状与发展，培养学生的家国情怀和兴学强国的使命感。

表 5.1 给出了本课程的课程目标与毕业要求的关系。

表 5.1　课程目标与毕业要求的关系

课程目标	毕业要求											
	1	2	3	4	5	6	7	8	9	10	11	12
1	●											
2		●										
3		●										
4							●					
5												●
6								●				

4. 教学内容

第 1 章　绪论

1.1　地球科学

1.2　海洋科学的简史

1.3　中国的海洋科学

第 2 章　地球系统与海底科学

2.1　地球系统

2.2　海底地貌

2.3　海底大地构造

2.4　海洋沉积

2.5　海底矿物资源

2.6　古海洋学与全球变化

第 3 章　海水物理特性
3.1　海水热学和力学性质
3.2　海冰
3.3　大洋热量与水量平衡
3.4　大洋温度、盐度、密度和水团
第 4 章　大气与海洋
4.1　大气的平均状态
4.2　海洋的天气系统
4.3　海洋—大气相互作用
第 5 章　海洋环流
5.1　海流的概念
5.2　海流运动方程
5.3　地转流与风海流
5.4　大洋环流与水团分布
第 6 章　海洋波动现象
6.1　海洋波动
6.2　小振幅重力波
6.3　有限振幅波动
6.4　海洋内波
6.5　风浪和涌浪
第 7 章　海洋潮汐
7.1　潮汐现象
7.2　引潮力
7.3　平衡潮
7.4　潮汐动力学理论
7.5　风暴潮
第 8 章　海水化学特性
8.1　海水的化学组成
8.2　海水的二氧化碳
8.3　海水的营养元素

8.4　碳循环与气候变化

第 9 章　海洋生物

9.1　海洋生物的划分

9.2　海洋生物多样性

9.3　海洋生态系统

9.4　海洋生态环境压力

第 10 章　中国近海区域海洋学

10.1　自然环境

10.2　海洋水文特征

10.3　海水化学特征

10.4　海洋资源分布

10.5　海洋环境问题

5. 教学要求

（1）了解海洋科学的基本概念、内容和意义，培养学生的家国情怀和创新意识。

1.1　品格：了解海洋科学的意义和现状，培养学生的家国情怀和海洋意识。

1.2　思维：了解海洋科学的概念和特性，培养学生的交叉思维和创新意识。

（2）学会海底科学的基本概念和内容，能够分析和认知海洋大地构造学理论。

2.1　知识：掌握海底科学的基本概念、内容和特点。

2.1.1　知识点：海洋地质结构的划分。

2.1.2　知识点：海底地貌的形态特征。

2.1.3　知识点：海洋沉积过程和分类。

2.1.4　知识点：海底大地构造学说等。

2.2　能力：理解大地构造学说的本质，分析和诠释海底地貌的演化和特征。

（3）学会海水物理特性的基本概念和内容，能够分析和认知海水热力学性质。

3.1 知识：掌握海水物理特性的基本概念、内容和特点。

3.1.1 知识点：海水热学和力学性质。

3.1.2 知识点：海冰的概念和分布。

3.1.3 知识点：大洋热量与水量的平衡。

3.1.4 知识点：大洋温度和水团。

3.2 能力：理解海水热力学特征的本质，分析和诠释大洋水团形成的条件。

（4）学会海洋大气的基本概念和内容，能够分析和认知大气与海洋的关系。

4.1 知识：掌握海洋大气的基本概念、内容和特点。

4.1.1 知识点：大气的概念和特点。

4.1.2 知识点：天气系统的特征。

4.1.3 知识点：海洋与大气的关系。

4.2 能力：理解海洋与大气的关系，分析和诠释海洋天气系统的本质特性。

（5）学会海洋环流的基本概念和内容，能够分析和认知大洋环流动力学特性。

5.1 知识：掌握海洋环流的基本概念、内容和特点。

5.1.1 知识点：海流的概念和特点。

5.1.2 知识点：海流运动方程。

5.1.3 知识点：地转流与风海流。

5.1.4 知识点：大洋环流与水团分布。

5.2 能力：理解海流动力学本质特性，分析和诠释大洋环流与水团分布特性。

（6）学会海洋波动的基本概念和内容，能够分析和认知海洋的波动学特性。

6.1 知识：掌握海洋波动的基本概念、内容和特点。

6.1.1 知识点：海洋波动的概念。

6.1.2 知识点：小振幅重力波的概念。

6.1.3 知识点：内波的结构和特性。

6.1.4　知识点：风浪和涌浪的波动特性。

6.2　能力：理解海洋波动的本质特征，分析和诠释内波和风浪的形成机制。

（7）学会海洋潮汐的基本概念和内容，能够分析和认知潮汐形成的条件和机理。

7.1　知识：掌握海洋潮汐的基本概念、内容和特点。

7.1.1　知识点：潮汐学和潮汐现象。

7.1.2　知识点：天文学与引潮力。

7.1.3　知识点：静力学与平衡潮。

7.1.4　知识点：动力学与潮波方程。

7.2　能力：理解潮汐学与天文的关系，分析和诠释潮汐现象和风暴潮的特征。

（8）学会海洋化学的基本概念和内容，能够分析和认知海洋化学和分布特征。

8.1　知识：掌握海洋化学的基本概念、内容和特点。

8.1.1　知识点：海水的化学组成与特性。

8.1.2　知识点：二氧化碳的分布和控制。

8.1.3　知识点：营养元素的分布和控制。

8.1.4　知识点：碳循环与气候变化的关系。

8.2　能力：理解营养元素的本质特性，分析和诠释海水低氧或酸化形成的条件。

（9）学会海洋生物的基本概念和内容，能够分析和认知海洋生物多样性问题。

9.1　知识：掌握海洋生物的基本概念、内容和特点。

9.1.1　知识点：海洋环境的分区。

9.1.2　知识点：海洋生物多样性的概念。

9.1.3　知识点：海洋生态系统的结构和特性。

9.1.4　知识点：海洋生态环境压力。

9.2　能力：理解海洋生态环境的意义，分析和诠释不同环境分区的海洋生态系统。

（10）了解中国海洋环境的现状和问题，培养学生的自主学习能力、职业品格和责任意识。

10.1　能力：了解中国的海洋环境，理解海洋对环境与社会可持续发展的影响。

10.2　品格：了解教学内容和要求，自主学习，培养学生的诚信意识和责任意识。

表 5.2 给出了本课程的教学要求与课程目标的关系。

表 5.2　教学要求与课程目标的关系

教学要求		课程目标					
		1	2	3	4	5	6
1	1.1						●
	1.2			●			
2	2.1	●					
	2.2		●	●			
3	3.1	●					
	3.2		●	●			
4	4.1	●					
	4.2		●	●			
5	5.1	●					
	5.2		●	●			
6	6.1	●					
	6.2		●	●			
7	7.1	●					
	7.2		●	●			
8	8.1	●					
	8.2		●	●			
9	9.1	●					
	9.2		●	●			
10	10.1				●		
	10.2					●	●

6. 课程评价

课程评价是由教学要求和课程目标的评价组成的，本课程的教学要求是由课堂表现、课外作业和课程考试，同时，设置不同的标准和权重的考核方式实现的，课程目标是按照与教学要求的关系分析和评价的，可见表 5.2。

表 5.3 给出了本课程教学要求的评价与考核方式。

表 5.3　教学要求的评价与考核方式

教学要求 课堂表现		权重配置			比例分配（%）
		课程考试	课外作业		
1	1.1		4		4
	1.2	4			4
2	2.1		6		6
	2.2		3	3	6
3	3.1		6		6
	3.2		2	3	5
4	4.1		4		4
	4.2		2	2	4
5	5.1		6		6
	5.2		3	3	6
6	6.1		6		6
	6.2		2	3	5
7	7.1		6		6
	7.2		2	3	5
8	8.1		6		6
	8.2		2	3	5
9	9.1		4		4
	9.2		2		2
10	10.1		4		4
	10.2	6			6
合计		10	70	20	100

5.2 海洋技术导论

1. 基本信息

课程代码	2270106	课程名称	海洋技术导论	英文名称	Introduction to Marine Technology		
课程类别	大类课程	课程性质	必修	学时 / 学分	32/2	适用专业	海洋技术
预修课程	高等数学、大学物理				同修课程	海洋科学导论	
参考教材	海洋技术教程，陈鹰等编著，浙江大学出版社，2018				授课学院	海洋科学与技术学院	

2. 课程简介

本课程是海洋技术本科专业的大类通识课程，会将学生引入一个完整的海洋技术体系，学生不仅能够了解海洋技术的意义和特性，掌握海洋技术的基本概念、内容和方法，学会海洋技术体系的本质和联系，也能够将物理等相关知识应用于解决复杂的海洋技术问题。

3. 课程目标

（1）掌握海洋技术的基本概念、内容和方法，能够解决复杂的海洋技术分析和认知等问题。

（2）能够针对复杂的海洋技术问题，识别和表达关键的环节或因素，分析和获取有效结论。

（3）能够针对特定的问题，探索和寻求影响问题的本质、联系或规律，并能体现创新意识。

（4）能够针对特定的需求，理解海洋技术与环境的关系，考虑环境和社会可持续发展问题。

（5）能够针对特定的要求，查阅文献、自主学习，分析和解决与教学内容相关的技术问题。

（6）了解海洋技术的意义和国内外现状与发展，培养学生的家国情怀和兴学强国的使命感。

表 5.4 给出了本课程的课程目标与毕业要求的关系。

表 5.4　课程目标与毕业要求的关系

课程目标	毕业要求											
	1	2	3	4	5	6	7	8	9	10	11	12
1	●											
2		●										
3		●										
4							●					
5												●
6								●				

4. 教学内容

第 1 章　绪论

1.1　海洋技术的概念

1.2　海洋技术的对象、目的与方法

1.3　海洋技术的体系结构

1.4　与相关学科的关系

第 2 章　海洋探测技术

2.1　引言

2.2　海洋探测平台

2.3　海洋探测仪器

2.4　海洋环境监测

2.5　小结

第 3 章　海洋定位技术

3.1　引言

3.2　卫星定位技术

3.3　姿态测量技术

3.4　水下定位技术

3.5　小结

第 4 章　海洋测绘技术

4.1　引言

4.2　海洋测量技术
4.3　海洋制图技术
4.4　航海保证技术
4.5　小结
第 5 章　海洋遥感技术
5.1　引言
5.2　海洋光学遥感技术
5.3　海洋微波遥感技术
5.4　海洋卫星测高技术
5.5　小结
第 6 章　海洋信息技术
6.1　引言
6.2　海洋数据分析
6.3　海洋数据同化
6.4　智慧海洋技术
6.5　小结
第 7 章　海洋预报技术
7.1　引言
7.2　海浪预报技术
7.3　潮汐预报技术
7.4　海流预报技术
7.5　小结

5. 教学要求

（1）了解海洋技术的基本概念、内容和意义，培养学生的家国情怀和创新意识。

1.1　品格：了解海洋技术的意义和现状，培养学生的家国情怀和海洋意识。

1.2　思维：了解海洋技术的概念和特性，培养学生的交叉思维和创新意识。

（2）学会海洋探测技术的基本概念、内容和意义，能够分析和认知海洋探测技术问题。

2.1　知识：掌握海洋探测技术的基本概念、内容和意义。

2.1.1　知识点：海洋探测技术的概念、内容和意义。

2.1.2　知识点：国内外海洋探测机构和任务。

2.1.3　知识点：海洋探测平台的内容和现状。

2.1.4　知识点：海洋探测仪器的内容和现状。

2.1.5　知识点：海洋环境监测的机构、任务和现状。

2.2　能力：理解平台、仪器与监测的关系，分析和诠释海洋探测技术的关联和需求。

（3）学会海洋定位技术的基本概念、内容和意义，能够分析和认知海洋定位技术问题。

3.1　知识：掌握海洋定位技术的基本概念、内容和意义。

3.1.1　知识点：海洋定位技术的概念、内容和意义。

3.1.2　知识点：国内外海洋定位机构和任务。

3.1.3　知识点：卫星定位技术的内容和现状。

3.1.4　知识点：姿态测量技术的内容和现状。

3.1.5　知识点：水声定位技术的内容和现状。

3.2　能力：理解陆上与海上定位技术的关系，分析和诠释海洋定位技术的需求和特性。

（4）学会海洋测绘技术的基本概念、内容和意义，能够分析和认知海洋测绘技术问题。

4.1　知识：掌握海洋测绘技术的基本概念、内容和意义。

4.1.1　知识点：海洋测绘技术的概念、内容和意义。

4.1.2　知识点：海洋测量技术的内容和现状。

4.1.3　知识点：海洋制图技术的内容和现状。

4.1.4　知识点：航海保证技术的内容和现状。

4.2　能力：理解航海与海洋测绘技术的关系，分析和诠释海洋测绘技术的沿革和特性。

（5）学会海洋遥感技术的基本概念、内容和意义，能够分析和认知海洋遥感技术问题。

5.1　知识：掌握海洋遥感技术的基本概念、内容和意义。

5.1.1　知识点：海洋遥感技术的概念、内容和意义。

5.1.2　知识点：国内外卫星遥感机构和任务。

5.1.3　知识点：海洋光学技术的内容和现状

5.1.4　知识点：海洋微波技术的内容和现状。

5.1.5　知识点：卫星测高技术的内容和现状。

5.2　能力：理解海洋测绘与遥感技术的关系，分析和诠释海洋遥感技术的沿革和特性。

（6）学会海洋信息技术的基本概念、内容和意义，能够分析和认知海洋信息技术问题。

6.1　知识：掌握海洋信息技术的基本概念、内容和意义。

6.1.1　知识点：海洋信息技术的概念、内容和意义。

6.1.2　知识点：国内外海洋信息机构和任务。

6.1.3　知识点：海洋数据分析技术的内容和现状。

6.1.4　知识点：海洋数据同化技术的内容和现状。

6.1.5　知识点：数字海洋技术的内容和现状。

6.2　能力：理解海洋与数字海洋技术的关系，分析和诠释海洋信息技术的沿革和特性。

（7）学会海洋预报技术的基本概念、内容和意义，能够分析和认知海洋预报技术问题。

7.1　知识：掌握海洋预报技术的基本概念、内容和意义。

7.1.1　知识点：海洋预报技术的概念、内容和意义。

7.1.2　知识点：国内外海洋预报机构和任务。

7.1.3　知识点：海浪预报技术的内容和现状。

7.1.4　知识点：海流预报技术的内容和现状。

7.1.5　知识点：潮汐预报技术的内容和现状。

7.2　能力：理解海洋信息与预报技术的关系，分析和诠释海洋预报技术的沿革和特性。

（8）了解教学内容和要求，培养学生的自主学习能力、职业品格和责任意识。

8.1　能力：了解海洋技术的沿革和任务，理解其对环境与社会可持续发展的影响。

8.2　品格：了解教学内容和要求，自主学习，培养学生的诚信意识和责任意识。

表 5.5 给出了本课程的教学要求与课程目标的关系。

表 5.5　教学要求与课程目标的关系

教学要求		课程目标					
		1	2	3	4	5	6
1	1.1						●
	1.2			●			
2	2.1	●					
	2.2		●	●			
3	3.1	●					
	3.2		●	●			
4	4.1	●					
	4.2		●	●			
5	5.1	●					
	5.2		●	●			
6	6.1	●					
	6.2		●	●			
7	7.1	●					
	7.2		●	●			
8	8.1				●		
	8.2					●	●

6. 课程评价

课程评价是由教学要求和课程目标的评价组成的，本课程的教学要求是由课堂表现、课外作业和课程考试，同时，设置不同的标准和权重的考核方式实现的，课程目标是按照与教学要求的关系分析和评价的，可见表 5.5。

表 5.6 给出了本课程教学要求的评价与考核方式。

表 5.6 教学要求的评价与考核方式

教学要求		权重配置			比例分配（%）
		课堂表现	课程考试	课外作业	
1	1.1		4		4
	1.2	4			4
2	2.1		8		8
	2.2		3	3	6
3	3.1		8	1	9
	3.2		2	3	5
4	4.1		8	1	9
	4.2		3	3	6
5	5.1		8	1	9
	5.2		3	2	5
6	6.1		8	1	9
	6.2		2	3	5
7	7.1		6	1	7
	7.2		3		3
8	8.1		4	1	5
	8.2	6			6
合计		10	70	20	100

5.3 海洋管理导论

1. 基本信息

课程代码	2270105	课程名称	海洋管理导论	英文名称	Introduction of Ocean Management	
课程类别	大类课程	课程性质	必修	学时 / 学分	32/2	适用专业 海洋技术
预修课程				同修课程	海洋科学导论	
授课教材	海洋管理概论，管华诗等主编，中国海洋大学出版社，2003			授课学院	海洋科学与技术学院	

2. 课程简介

本课程是海洋技术本科专业的大类通识课程，本课程会将学生引入一个热门的海洋管理体系，学生不仅能够了解海洋管理的对象和意义，掌握海洋管理的基本概念、内容和方法，学会海洋管理的内涵和特点，也能够将管理学等相关知识应用于解决复杂的海洋管理问题。

3. 课程目标

（1）掌握海洋管理的基本概念、内容和方法，能够分析和解决复杂的海洋管理问题。

（2）能够针对复杂的海洋管理问题，识别和表达关键的环节或因素，获取有效结论。

（3）能够针对特定的问题，了解海洋管理的对象，考虑社会、文化、法律等的影响。

（4）能够针对特定的需求，理解海洋管理的原则，关注环境和社会可持续发展问题。

（5）能够针对特定的要求，查阅文献、自主学习，分析和解决与教学内容相关问题。

（6）了解海洋管理的意义、现状和问题，培养学生的家国情怀和兴学强国的使命感。

表 5.7 给出了本课程的课程目标与毕业要求的关系。

表 5.7　课程目标与毕业要求的关系

课程目标	毕业要求											
	1	2	3	4	5	6	7	8	9	10	11	12
1	●											
2		●										
3						●						
4							●					
5												●
6								●				

4. 教学内容

第 1 章　绪论

1.1　海洋管理的概念

1.2　海洋管理的对象和任务

1.3　海洋管理的目标、原则和方法

1.4　与相关学科的关系

第 2 章　海洋立法管理

2.1　引言

2.2　海洋政策

2.3　海洋立法

2.4　联合国海洋法公约

2.5　小结

第 3 章　海洋权益管理

3.1　引言

3.2　海洋权益的内涵

3.3　海洋权益管理

3.4　海洋权益的保障

3.5　小结

第 4 章　海洋区划管理

4.1　引言

4.2　海洋功能分区

4.3　海洋功能区划设计

4.4　海洋区划管理

4.5　小结

第 5 章　海洋资源管理

5.1　引言

5.2　海洋资源特征

5.3　海洋资源管理原则

5.4　海洋资源管理

5.5　小结

第 6 章　海洋环境管理

6.1　引言

6.2　海洋环境状况

6.3　海洋环境管理目标

6.4　海洋环境管理

6.5　小结

第 7 章　海洋信息管理

7.1　引言

7.2　海洋信息安全

7.3　海洋信息管理要求

7.4　海洋信息管理

7.5　小结

第 8 章　海洋执法管理

8.1　引言

8.2　海洋行政执法

8.3　海洋司法

8.4　国际海事执法

8.5　小结

5. 教学要求

（1）了解海洋管理的基本概念、内容和意义，培养学生的家国情怀和社会责任感。

1.1　品格：了解海洋管理的意义和现状，培养学生的家国情怀和社会责任感。

1.2　能力：了解海洋管理的概念和内容，考虑社会、文化、安全和法律等问题。

（2）学会海洋立法管理的基本概念、内容和意义，能够分析和认知海洋立法管理问题。

2.1　知识：掌握海洋立法管理的基本概念、内容和意义。

2.1.1　知识点：海洋政策的概念和性质。

2.1.2　知识点：海洋立法的概念和性质。

2.1.3　知识点：国内外海洋政策和立法。

2.1.4　知识点：联合国海洋法公约。

2.2　能力：理解海洋政策与法律的关系，查阅文献、分析和诠释联合国海洋法公约。

（3）学会海洋权益管理的基本概念、内容和意义，能够分析和认知海洋权益管理问题。

3.1　知识：掌握海洋权益管理的基本概念、内容和意义。

3.1.1　知识点：海洋权益的概念和内涵。

3.1.2　知识点：海洋权益的主体和现状。

3.1.3　知识点：海洋权益的保障和要求。

3.2　能力：理解海洋权益的本质和特性，分析和诠释中国海洋权益主张的法理依据。

（4）学会海洋区划管理的基本概念、内容和意义，能够分析和认知海洋区划管理问题。

4.1　知识：掌握海洋区划管理的基本概念、内容和意义。

4.1.1　知识点：海洋区划的概念和内容。

4.1.2　知识点：海洋区划设计的原则和程序。

4.1.3　知识点：海洋区划管理的方法和要求。

4.2　能力：理解海洋区划的本质和特性，分析和诠释海洋区域功能的评价与分区的关系。

（5）学会海洋资源管理的基本概念、内容和意义，能够分析和认知海洋资源管理问题。

5.1　知识：掌握海洋资源管理的基本概念、内容和意义。

5.1.1　知识点：海洋资源的特征和开发。

5.1.2　知识点：海洋资源管理的目标和程序。

5.1.3　知识点：海洋资源管理的制度与方法。

5.2　能力：理解海洋资源开发与管理的关系，分析和提出中国海洋资源管理的问题和对策。

（6）学会海洋环境管理的基本概念、内容和意义，能够分析和认知海洋环境管理问题。

6.1　知识：掌握海洋环境管理的基本概念、内容和意义。

6.1.1　知识点：海洋环境的概念和内容。

6.1.2　知识点：全球海洋环境的状况和问题。

6.1.3　知识点：海洋环境管理的目标和制度。

6.1.4　知识点：国内外海洋自然保护区。

6.2　能力：理解海洋环境与人类的关系，查阅文献，分析和诠释中国海洋环境现状和问题。

（7）学会海洋信息管理的基本概念、内容和意义，能够分析和认知海洋信息管理问题。

7.1　知识：掌握海洋信息管理的基本概念、内容和意义。

7.1.1　知识点：海洋信息的内容和特性。

7.1.2　知识点：海洋信息安全的现状和问题。

7.1.3　知识点：海洋信息管理的方法和要求。

7.2　能力：理解海洋信息与国家安全的关系，分析和提出中国海洋信息安全问题和对策。

（8）学会海洋执法管理的基本概念、内容和意义，能够分析和认知海洋执法管理问题。

8.1　知识：掌握海洋执法管理的基本概念、内容和意义。

8.1.1　知识点：海洋执法的对象和要求。

8.1.2　知识点：海洋行政执法的制度和程序。

8.1.3　知识点：海洋司法的内容和机构。

8.1.4　知识点：国际海事执法机构和制度。

8.2　能力：理解海洋执法的本质和特性，查阅文献，分析和诠释与海事执法相关的制度。

表 5.8 给出了本课程的教学要求与课程目标的关系。

表 5.8 教学要求与课程目标的关系

教学要求		课程目标					
		1	2	3	4	5	6
1	1.1						●
	1.2			●	●		
2	2.1	●					
	2.2		●	●		●	
3	3.1	●					
	3.2		●	●			
4	4.1	●					
	4.2		●				
5	5.1	●					
	5.2		●				
6	6.1	●					
	6.2		●		●	●	
7	7.1	●					
	7.2		●	●			
8	8.1	●			●		
	8.2		●			●	

6. 课程评价

课程评价是由教学要求和课程目标的评价组成的，本课程的教学要求是由课堂表现、课外作业和课程考试，同时，设置不同的标准和权重的考核方式实现的，课程目标是按照与教学要求的关系分析和评价的，可见表 5.8。

表 5.9 给出了本课程教学要求的评价与考核方式。

表 5.9　教学要求的评价与考核方式

教学要求		权重配置			比例分配（%）
		课堂表现	课程考试	课外作业	
1	1.1	6			6
	1.2	4	2		6
2	2.1		8		8
	2.2		2	3	5
3	3.1		8		8
	3.2		3	2	5
4	4.1		8		8
	4.2		2	2	4
5	5.1		6	2	8
	5.2		2	2	4
6	6.1		8	2	10
	6.2		3	3	6
7	7.1		6		6
	7.2		2	2	4
8	8.1		8		8
	8.2		2	2	4
合计		10	70	20	100

第 6 章　海洋技术专业基础课程教学大纲

6.1　潮汐学

1. 基本信息

<table>
<tr><td>课程代码</td><td>2270024</td><td>课程名称</td><td>潮汐学</td><td>英文名称</td><td colspan="3">Tidology</td></tr>
<tr><td>课程类别</td><td>专业基础课</td><td>课程性质</td><td>选修</td><td>学时 / 学分</td><td>32/2</td><td>适用专业</td><td>海洋技术</td></tr>
<tr><td>预修课程</td><td colspan="4">高等数学，大学物理</td><td>同修课程</td><td colspan="2">海洋地质学</td></tr>
<tr><td>参考教材</td><td colspan="4">潮汐原理与计算，黄祖珂等编著，中国海洋大学出版社，2005</td><td>授课学院</td><td colspan="2">海洋科学与技术学院</td></tr>
</table>

2. 课程简介

本课程是海洋技术本科专业的专业基础课程。潮汐是海洋测量的主要对象，通过本课程的学习，学生不仅能够了解潮汐现象的特性和观测，理解天文与潮汐的关系，掌握潮汐学的基本概念、原理和方法，也能够将数学和物理等相关知识应用于分析和解决复杂的潮汐分析与预报问题。

3. 课程目标

（1）掌握潮汐学的基本概念、原理和方法，能够分析和解决复杂的潮汐分析与预报问题。

（2）能够针对复杂的潮汐现象，识别和表达关键的环节或因素，分析和获取有效的结论。

（3）能够针对特定的问题，开发和推导相关的算法或模型，并能体现创新意识和创造力。

（4）能够针对特定的需求，查阅文献、自主学习，解决深度基准计算和水位改正等问题。

（5）了解本课程的内容和要求，实事求是、诚实守信，培养学生的家国情怀和海洋意识。

表 6.1 给出了本课程的课程目标与毕业要求的关系。

表 6.1　课程目标与毕业要求的关系

课程目标	毕业要求											
	1	2	3	4	5	6	7	8	9	10	11	12
1	●											
2		●										
3			●									
4												●
5								●				

4. 教学内容

第 1 章　潮汐和潮流现象

1.1　引言

1.2　天文学常识

1.3　潮汐现象和观测

1.4　潮流现象和观测

1.5　小结

第 2 章　潮汐学理论

2.1　引言

2.2　引潮力

2.3　分潮

2.4　平衡潮

2.5　潮波方程

2.6　小结

第 3 章　潮汐分析与预报

3.1　引言

3.2　潮汐观测数据分析

3.3　潮汐数值分析与预报

3.4　潮流调和分析与预报

3.5　小结

第 4 章　潮流分析与预报

4.1　引言

4.2　潮流观测数据分析

4.3　潮流数值分析与预报

4.4　潮流调和分析与预报

4.5　小结

第 5 章　海洋深度基准

5.1　引言

5.2　平均海面

5.3　深度基准

5.4　工程水位

5.5　小结

5. 教学要求

（1）学会潮汐现象的基本概念、性质和观测，能够分析和解决潮汐现象的认知等问题。

1.1　知识：掌握潮汐现象的基本概念、性质和观测。

1.1.1　知识点：与潮汐相关的天文常识。

1.1.2　知识点：潮汐现象的特点和规律。

1.1.3　知识点：潮流现象的特点和规律。

1.1.4　知识点：潮汐和潮流现象的观测。

1.2　能力：理解潮汐与天文学的关系，分析和认知潮汐现象的特性、变化和观测。

（2）学会潮汐学的基本概念、原理与方法，能够分析和解决潮汐静力学和动力学问题。

2.1　知识：掌握潮汐学的基本概念、原理与方法。

2.1.1　知识点：引潮力的表示和计算。

2.1.2　知识点：引潮力与引潮势的关系。

2.1.3　知识点：分潮的结构和计算。

2.1.4　知识点：平衡潮的推导和表示。

2.1.5　知识点：潮波方程的推导和计算。

2.2　能力：理解静力与动力学的关系，分析和推导平衡潮和潮波方程等相关算法。

（3）学会潮汐分析的基本概念、原理和方法，能够分析和解决潮汐分析和预报等问题。

3.1　知识：掌握潮汐分析的基本概念、原理和方法。

3.1.1　知识点：潮汐观测数据分析。

3.1.2　知识点：潮汐数值预报模式。

3.1.3　知识点：最小二乘分析原理。

3.1.4　知识点：调和分析的原理和本质。

3.1.5　知识点：潮汐的分析与预报。

3.2　能力：理解数值与调和分析的关系，分析和推导潮汐分析和预报等相关算法。

（4）学会潮流分析的基本概念、原理和方法，能够分析和解决潮流分析和预报等问题。

4.1　知识：掌握潮流分析的基本概念、原理和方法。

4.1.1　知识点：潮流观测数据分析。

4.1.2　知识点：潮流数值预报模式。

4.1.3　知识点：潮流的分析与预报。

4.1.4　知识点：潮流椭圆要素的计算。

4.2　能力：理解潮汐与潮流的关系，分析和推导潮流分析和预报等相关算法。

（5）学会深度基准的基本概念、原理和方法，能够分析和解决深度基准和水位改正等问题。

5.1　知识：掌握深度基准的基本概念、原理和方法。

5.1.1　知识点：平均海面的特性和计算。

5.1.2　知识点：深度基准的特性和计算。

5.1.3　知识点：验潮站设计和水位改正。

5.1.4　知识点：高低水位的设计和计算。

5.1.5　知识点：乘潮水位的意义和预测。

5.2　能力：理解深度基准与潮汐的关系，分析和推导深度基准和水位改正等相关算法。

（6）了解教学内容和要求，做到诚实守信，具有家国情怀，培养学生的科学思维和创新意识。

6.1　品格：了解教学要求，培养学生诚实守信的品格，孕育家国情怀和海洋意识。

6.2　思维：了解教学内容，培养学生的独立思考的能力，强化系统思维和创新意识。

表 6.2 给出了本课程的教学要求与课程目标的关系。

表 6.2　教学要求与课程目标的关系

教学要求		课程目标				
		1	2	3	4	5
1	1.1	●				
	1.2		●			
2	2.1	●				
	2.2		●	●		
3	3.1	●				
	3.2		●	●		
4	4.1	●				
	4.2		●	●		
5	5.1	●				
	5.2		●	●		
6	6.1					●
	6.2				●	

6. 课程评价

课程评价是由教学要求和课程目标的评价组成的，本课程的教学要求是由课堂表现、课程考试和课外作业，同时，设置不同的标准和权重的考核方式实现的，课程目标是按照与教学要求的关系分析和评价的，可见表 6.2。

表 6.3 给出了本课程教学要求的评价与考核方式。

表 6.3　教学要求的评价与考核方式

教学要求		权重配置			比例分配（%）
		课堂表现	课程考试	课外作业	
1	1.1		6		6
	1.2		2		2
2	2.1		15		15
	2.2		5	5	10
3	3.1		12		12
	3.2		4	4	8
4	4.1		10		10
	4.2		3	3	6
5	5.1		10		10
	5.2		3	3	6
6	6.1	8		2	10
	6.2	2		3	5
合计		10	70	20	100

6.2　海洋地质学

1. 基本信息

课程代码	2270013	课程名称	海洋地质学	英文名称	Marine Geology		
课程类别	专业基础课	课程性质	必修	学时 / 学分	32/2	适用专业	海洋技术
预修课程	大学物理、海洋科学导论				同修课程	海洋潮汐学	
参考教材	海洋地质学，翟世奎编著，中国海洋大学出版社，2017				授课学院	海洋科学与技术学院	

2. 课程简介

本课程是海洋技术本科专业的专业基础课程。海洋地质是海洋测量的重要对象，通过对本课程的学习，学生不仅能够了解海洋地质学的对象、目的和意义，理解地貌、地质与海洋的关系，掌握海洋地质学的基本概念、原理和方法，也能够将海洋科学等知识应用于分析和解决复杂的海洋地质问题。

3. 课程目标

（1）掌握海洋地质学的基本概念、原理和方法，能够分析和解决复杂的海洋地质认知问题。

（2）能够针对复杂的海洋地质结构，识别和表达关键的环节或因素，分析和获取有效结论。

（3）能够针对特定的沉积问题，理解和推导与沉积相关的机理或模型，并能体现创新意识。

（4）能够针对特定的工程需求，查阅文献、自主学习，解决海洋地质的结构和表示等问题。

（5）了解本课程的内容和要求，实事求是、诚实守信，培养学生的家国情怀、海洋意识等。

表 6.4 给出了本课程的课程目标与毕业要求的关系。

表 6.4　课程目标与毕业要求的关系

课程目标	毕业要求											
	1	2	3	4	5	6	7	8	9	10	11	12
1	●											
2		●										
3			●									
4												●
5								●				

4. 教学内容

第 1 章　绪论

1.1　海洋地质学的概念

1.2　海洋地质学的对象、目的和方法

1.3　海洋地质学的简史

1.4　与相关学科的关系

第 2 章　海洋地形地貌

2.1　引言

2.2　海岸地形地貌

2.3　大陆坡地形地貌

2.4　大洋地形地貌

2.5　小结

第 3 章　海洋构造地质

3.1　引言

3.2　圈层结构

3.3　地壳物质与年代

3.4　板块构造理论

3.5　岩石圈构造和演化

3.6　小结

第 4 章　海洋沉积

4.1　引言

4.2　海洋沉积物

4.3　海岸沉积

4.4　大陆坡沉积

4.5　大洋沉积

4.6　小结

第 5 章　海底矿产资源

5.1　油气资源

5.2　天然气水合物

5.3　多金属结核

5.4　热液硫化物

5.5　小结

5. 教学要求

（1）学会海洋地质学的基本概念、目的和方法，能够分析和解决海洋地质的特性和认知等问题。

1.1　知识：掌握海洋地质学的基本概念、目的和方法。

1.1.1　知识点：海洋地质学的定义与特点。

1.1.2　知识点：海洋地质学的目的和意义。

1.1.3　知识点：海洋地质学的历史沿革。

1.2　能力：理解陆地与海洋地质的关系，分析和认知海洋地质学的对象、目的和意义。

（2）学会海洋地形地貌的基本概念、原理与方法，能够分析和解决海洋地貌单元的划分等问题。

2.1　知识：掌握海洋地形地貌的基本概念、原理与方法。

2.1.1　知识点：海洋地形的定义与分类。

2.1.2　知识点：海洋地貌的成因与特点。

2.1.3　知识点：海岸线的概念、形态和表示。

2.1.4　知识点：海洋地貌单元的分类、特征与关系。

2.2　能力：理解海洋地形与地貌的关系，分析或推导海洋地貌单元的划分和表示等相关算法。

（3）学会海洋构造地质的基本概念、原理与方法，能够分析和解决海洋地质结构的成因等问题。

3.1　知识：掌握海洋构造地质的基本概念、原理与方法。

3.1.1　知识点：圈层结构的定义与划分。

3.1.2　知识点：地壳物质的组成和分类。

3.1.3　知识点：海洋地质的构造和成因。

3.1.4　知识点：地层结构的演化与表示。

3.2　能力：理解陆地与海洋地质的关系，分析或推导海洋圈层结构的成因和表示等相关算法。

（4）学会海洋沉积的基本概念、原理与方法，能够分析和解决海洋沉积物的分布和演化等问题。

4.1　知识：掌握海洋构造地质的基本概念、原理与方法。

4.1.1　知识点：海洋沉积的定义与特点。

4.1.2　知识点：海洋沉积物组成和分类。

4.1.3　知识点：海洋沉积的成因和演化。

4.1.4　知识点：海洋沉积的分布与表示。

4.2　能力：理解海洋沉积与地质的关系，分析或推导海洋沉积物的分类和表示等相关算法。

（5）学会海洋矿产资源的基本概念、原理与方法，能够分析和解决海洋矿产资源的分布等问题。

5.1　知识：掌握海洋矿产资源的基本概念、原理与方法。

5.1.1　知识点：海洋矿产资源的分类与特点。

5.1.2　知识点：海洋矿产资源的形成和演化。

5.1.3　知识点：矿产资源赋存的条件和环境。

5.1.4　知识点：海洋矿产资源的分布与表示。

5.2　能力：理解海洋资源与人类的关系，分析或推导海洋矿产资源的分布和表示等相关算法。

（6）了解教学内容和要求，做到诚实守信，具有家国情怀，培养学生的科学思维和创新意识。

6.1　品格：了解教学要求，培养学生诚实守信、实事求是的品格和家国情怀。

6.2　思维：了解教学内容，培养学生的独立思考的能力，强化系统思维和创新意识。

表 6.5 给出了本课程的教学要求与课程目标的关系。

表 6.5　教学要求与课程目标的关系

教学要求		课程目标				
		1	2	3	4	5
1	1.1	●				
	1.2		●			
2	2.1	●				
	2.2		●	●		

续表

教学要求		课程目标				
		1	2	3	4	5
3	3.1	●				
	3.2		●	●		
4	4.1	●				
	4.2		●	●		
5	5.1	●				
	5.2		●	●		
6	6.1					●
	6.2				●	

6. 课程评价

课程评价是由教学要求和课程目标的评价组成的，本课程的教学要求是由课堂表现、课程考试和课外作业，同时，设置不同的标准和权重的考核方式实现的，课程目标是按照与教学要求的关系分析和评价的，可见表 6.5。

表 6.6 给出了本课程教学要求的评价与考核方式。

表 6.6　教学要求的评价与考核方式

教学要求		权重配置			比例分配（%）
		课堂表现	课程考试	课外作业	
1	1.1		6		6
	1.2		2		2
2	2.1		15		15
	2.2		5	5	10
3	3.1		12		12
	3.2		4	4	8
4	4.1		12		12
	4.2		4	3	7

续表

教学要求		权重配置			比例分配（%）
		课堂表现	课程考试	课外作业	
5	5.1		8		8
	5.2		2	3	5
6	6.1	8		2	10
	6.2	2		3	5
合计		10	70	20	100

6.3　航海学

1. 基本信息

课程代码	2270031	课程名称	航海学	英文名称	Marine Navigation		
课程类别	专业基础课	课程性质	必修	学时 / 学分	32/2	适用专业	海洋技术
预修课程	海洋科学导论、海洋技术导论				同修课程	海洋潮汐学、海洋地质学	
参考教材	航海学基础，张锡海主编，大连海事大学出版社，2019				授课学院	海洋科学与技术学院	

2. 课程简介

本课程是海洋技术本科专业的专业基础课程。航海是海洋测量技术的源泉和动力，学生不仅能够了解航海学的对象、目的和意义，理解海洋技术与航海的关系，掌握航海学的基本概念、原理和方法，也能够将海洋技术等知识应用于分析和解决复杂的航海学理论或技术问题。

3. 课程目标

（1）掌握航海学的基本概念、原理和方法，能够分析和解决复杂的航海学理论或技术问题。

（2）能够针对复杂的航海安全问题，识别和表达关键的环节或因素，分析和获取有效结论。

（3）能够针对特定的问题，理解和推导与航海计算相关的算法或模型，并能体现创新意识。

（4）能够针对特定的需求，查阅文献、自主学习，解决船位推算、测定和航线设计等问题。

（5）了解本课程的内容和要求，实事求是、诚实守信，培养学生的家国情怀、海洋意识等。

表 6.7 给出了本课程的课程目标与毕业要求的关系。

表 6.7　课程目标与毕业要求的关系

课程目标	毕业要求											
	1	2	3	4	5	6	7	8	9	10	11	12
1	●											
2		●										
3			●									
4												●
5								●				

4. 教学内容

第 1 章　绪论

1.1　航海学的概念

1.2　航海学的内容、目的和方法

1.3　航海科学与技术的沿革

1.4　与相关学科的关系

第 2 章　航海基础知识

2.1　引言

2.2　大地参考系

2.3　位置、方向与距离

2.4　航速与航程

2.5　海图

2.6　小结

第 3 章　船位推算与测定

3.1　引言

3.2　航迹推算

3.3　地文航海

3.4　天文航海

3.5　电子航海

3.6　小结

第 4 章　航海图书资料

4.1　引言

4.2　海图与《航海通告》

4.3　航标与《航标表》

4.4　水文与《潮汐表》

4.5　航路与《航路指南》

4.6　小结

第 5 章　航线与航法

5.1　引言

5.2　大洋航行

5.3　狭水道航行

5.4　岛礁区航行

5.5　小结

5. 教学要求

（1）学会航海学的基本概念、目的和方法，能够分析和解决航海与海洋的关系和认知等问题。

1.1　知识：掌握航海学的基本概念、目的和方法。

1.1.1　知识点：航海学的定义和特点。

1.1.2　知识点：海洋学的内容和意义。

1.1.3　知识点：国内外航海技术的沿革。

1.2　能力：理解航海与海洋的关系。分析和认知航海技术的特性、意义和沿革。

（2）学会航海基础知识的基本内容、原理和方法，能够分析和解决海图的认知和标绘等问题。

2.1　知识：掌握与航海相关的基础知识和方法。

2.1.1　知识点：大地参考系定义和特点。

2.1.2　知识点：航向、方位与距离计算。

2.1.3　知识点：航海意义的航速与航程。

2.1.4　知识点：海图认知、量测与标绘。

2.2　能力：理解海图与航海安全的关系，分析或推导航程计算、海图量测与标绘等相关算法。

（3）学会船位推算与测定的基本概念、原理与方法，能够分析和解决船位推算和测定等问题。

3.1　知识：掌握船位推算与测定的基本概念、原理与方法。

3.1.1　知识点：船位推算的概念与方法。

3.1.2　知识点：地文航海与船位的测定。

3.1.3　知识点：天文航海与船位的测定。

3.1.4　知识点：电子航海与船位的测定。

3.2　能力：理解推算与测定的关系，分析或推导船位推算和地文、天文、电子船位测定等相关算法。

（4）学会航海图书资料的基本内容和要求，能够分析和解决航海安全与图书资料的关系等问题。

4.1　知识：掌握航海图书资料的基本内容和使用要求。

4.1.1　知识点：中英航海图书资料。

4.1.2　知识点：海图的分类和改正。

4.1.3　知识点：船位推算和测定资料。

4.1.4　知识点：航路和港口图书资料。

4.2　能力：理解航海与图书资料的关系，分析或推导航海图书资料的目录和查询等相关算法。

（5）学会航线和航法的基本概念、原理与方法，能够分析和解决航线设计的安全和经济等问题。

5.1　知识：掌握航线和航法的基本概念、原理与方法。

5.1.1　知识点：航线设计的内容与要求。

5.1.2　知识点：航行方法的设计与评价。

5.1.3　知识点：特殊条件的航线与航法。

5.2　能力：理解航海安全与经济的关系，分析或推导航线的设计、绘算、评价等相关算法。

（6）了解教学内容和要求，做到诚实守信，具有家国情怀，培养学生的科学思维和创新意识。

6.1　品格：了解教学要求，培养学生诚实守信的品格，孕育家国情怀和海洋意识。

6.2　思维：了解教学内容，培养学生的独立思考的能力、多学科交叉等思维和创新意识。

表 6.8 给出了本课程的教学要求与课程目标的关系。

表 6.8　教学要求与课程目标的关系

教学要求		课程目标				
		1	2	3	4	5
1	1.1	●				
	1.2		●			
2	2.1	●				
	2.2		●	●		
3	3.1	●				
	3.2		●	●		
4	4.1	●				
	4.2		●	●		
5	5.1	●				
	5.2		●	●		
6	6.1					●
	6.2				●	

6. 课程评价

课程评价是由教学要求和课程目标的评价组成的，本课程的教学要求是由课堂表现、课程考试和课外作业，同时，设置不同的标准和权重的考核方式实现的，课程目标是按照与教学要求的关系分析和评价的，可见表 6.8。

表 6.9 给出了本课程教学要求的评价与考核方式。

表 6.9　教学要求的评价与考核方式

教学要求		权重配置			比例分配（%）
		课堂表现	课程考试	课外作业	
1	1.1		6		6
	1.2		2		2
2	2.1		10		10
	2.2		3	5	8
3	3.1		16		16
	3.2		6	4	10
4	4.1		12		12
	4.2		3	3	6
5	5.1		10		10
	5.2		2	3	5
6	6.1	8		2	10
	6.2	2		3	5
合计		10	70	20	100

6.4　电工学原理

1. 基本信息

课程代码	2270118	课程名称	电工学原理	英文名称	Principle of Electrotechnics		
课程类别	专业基础课	课程性质	必修	学时 / 学分	48/3	适用专业	海洋技术
预修课程	大学物理、高等数学				同修课程	信号与系统	
参考教材	电工学，唐介、刘蕴红主编，高等教育出版社，2014				授课学院	海洋科学与技术学院	

2. 课程简介

本课程是海洋技术本科专业的专业基础课程。电工学是海洋探测技术的支柱，学生不仅能够了解电工学的对象、目的和特点，理解电工学与海洋探测技术的关系，掌握电工学的基本概念、原理和方法，学会电动机、变电器、放大器、控制器等电工技术，也能够将数学和物理等知识应用于解决复杂的电工学技术或工程问题。

3. 课程目标

（1）掌握电工学的基本概念、原理和方法，能够分析和解决复杂的电工学技术或工程问题。

（2）能够针对复杂的电工技术问题，识别和表达关键的环节或因素，分析和获取有效结论。

（3）能够针对特定的问题，设计和开发相关的电路或算法，并能够体现创新意识和创造力。

（4）能够针对特定的要求，了解和选择恰当的电工测量或仿真等工具，并能理解其局限性。

（5）能够针对特定的需求，查阅文献，自主学习，理解和解决海洋探测仪相关的技术问题。

（6）了解本课程的内容和要求，实事求是，诚实守信，培养学生的家国情怀、社会责任感等。

表 6.10 给出了本课程的课程目标与毕业要求的关系。

表 6.10　课程目标与毕业要求的关系

课程目标	毕业要求											
	1	2	3	4	5	6	7	8	9	10	11	12
1	●											
2		●										
3			●									
4					●							
5												●
6								●				

4. 教学内容

第 1 章　电路

1.1 引言
1.2 直流电路
1.3 电路分析
1.4 正弦交流电路
1.5 小结
第 2 章 变压器
2.1 引言
2.2 磁路
2.3 变压器
2.4 电磁铁
2.5 小结
第 3 章 电动机
3.1 引言
3.2 三相异步电机
3.3 直流电机
3.4 控制电机
3.5 小结
第 4 章 控制器
4.1 引言
4.2 控制电器
4.3 控制线路分析
4.4 可编程控制器
4.5 小结
第 5 章 放大器
5.1 引言
5.2 双极型晶体管
5.3 放大电路
5.4 集成运算放大器
5.5 小结
第 6 章 电工测量

6.1　引言

6.2　电压的测量

6.3　电流的测量

6.4　功率的测量

6.5　小结

5. 教学要求

（1）学会电路的基本概念、原理和方法，能够分析和解决电路的分析和设计等问题。

1.1　知识：掌握电路的基本概念、原理和方法。

1.1.1　知识点：直流电路的结构和特性。

1.1.2　知识点：基尔霍夫、叠加等定理。

1.1.3　知识点：电路瞬态分析和三要素分析法。

1.1.4　知识点：正弦交流电概念和相量表示法。

1.1.5　知识点：正弦交流电路的分类和算法。

1.2　能力：理解直流与交流电路的关系，分析或推导基尔霍夫定理、电路瞬态分析等相关算法。

（2）学会变压器的基本概念、原理和方法，能够分析和解决变压器的结构和设计等问题。

2.1　知识：掌握变压器的基本概念、原理和方法。

2.1.1　知识点：磁路的概念和特性。

2.1.2　知识点：变压器的原理和特性。

2.1.3　知识点：三相变压器的结构。

2.1.4　知识点：电磁铁的原理和特性。

2.2　能力：理解磁路与变压器的关系，分析或推导磁路的分析、三相变压器的设计等相关算法。

（3）学会电动机的基本概念、原理和方法，能够分析和解决三相异步电机的设计等问题。

3.1　知识：掌握电动机的基本概念、原理和方法。

3.1.1　知识点：三相异步电机的原理、结构和特性。

3.1.2　知识点：三相异步电机的启动、调速和制动。

3.1.3　知识点：直流电机的原理、结构和特性。

3.1.4　知识点：控制电机的原理、结构和特定。

3.2　能力：理解磁路与电动机的关系，分析或推导三相异步电机的启动、调速和制动等相关算法。

（4）学会控制器的基本概念、原理和方法，能够分析和解决控制器和线路的设计等问题。

4.1　知识：掌握控制器的基本概念、原理和方法。

4.1.1　知识点：控制电器的分类、结构和特性。

4.1.2　知识点：继电接触器控制的线路设计。

4.1.3　知识点：可编程控制器的结构和技术性能。

4.1.4　知识点：可编程控制器的程序设计和开发。

4.2　能力：理解控制器与电动机的关系，分析或开发继电接触器控制和可编程控制器等相关算法。

（5）学会放大器的基本概念、原理和方法，能够分析和解决放大电路和放大器的设计等问题。

5.1　知识：掌握放大器的基本概念、原理和方法。

5.1.1　知识点：晶体管的结构和特性。

5.1.2　知识点：放大电路的原理和特性。

5.1.3　知识点：放大电路的结构和分析。

5.1.4　知识点：集成电路的概念和结构。

5.1.5　知识点：集成运算放大器的设计和开发。

5.2　能力：理解放大器与控制器的关系，分析或开发放大电路设计、集成运算放大器等相关算法。

（6）学会电工测量的基本概念、特性和方法，能够针对特定的问题，选择恰当的测量工具。

6.1　知识：掌握电工测量的基本概念、原理和特性。

6.1.1　知识点：电工测量的基本原理和工具。

6.1.2　知识点：电压测量仪器的特性和要求。

6.1.3　知识点：电流测量仪器的特性和要求。

6.1.4　知识点：功率测量仪器的特性和要求。

6.2　能力：理解电工测量工具的局限性，分析或选择恰当的电流、电压、功率等相关的测量工具。

（7）了解教学内容和要求，做到诚实守信，具有家国情怀，培养学生的科学思维和创新意识。

7.1　品格：了解教学要求，培养学生诚实守信的品格，孕育家国情怀和社会责任感。

7.2　思维：了解教学内容，培养学生的独立思考的能力，强化系统等思维和创新意识。

表 6.11 给出了本课程的教学要求与课程目标的关系。

表 6.11　教学要求与课程目标的关系

教学要求		课程目标					
		1	2	3	4	5	6
1	1.1	●					
	1.2		●				
2	2.1	●					
	2.2		●	●			
3	3.1	●					
	3.2		●	●			
4	4.1	●					
	4.2		●	●			
5	5.1	●					
	5.2		●	●			
6	6.1				●		
	6.2				●		
7	7.1						●
	7.2					●	

6. 课程评价

课程评价是由教学要求和课程目标的评价组成的，本课程的教学要求是由课堂表现、课程考试和课外作业，同时，设置不同的标准和权重的考核方式实现的，课程目标是按照与教学要求的关系分析和评价的，可见表 6.11。

表 6.12 给出了本课程教学要求的评价与考核方式。

表 6.12　教学要求的评价与考核方式

教学要求		权重配置			比例分配（%）
		课堂表现	课程考试	课外作业	
1	1.1		12		12
	1.2		5	3	8
2	2.1		8		8
	2.2		3	3	6
3	3.1		8		8
	3.2		3	3	6
4	4.1		8		8
	4.2		3	3	6
5	5.1		10		10
	5.2		4	3	7
6	6.1		4		4
	6.2		2		2
7	7.1	8		2	10
	7.2	2		3	5
合计		10	70	20	100

6.5　信号与系统

1. 基本信息

课程代码	2270029	课程名称	信号与系统	英文名称	Signal and System		
课程类别	专业基础课	课程性质	必修	学时 / 学分	48/3	适用专业	海洋技术
预修课程	高等数学、大学物理				同修课程	电工学原理	
参考教材	信号与线性系统分析，吴大正主编，高等教育出版社，2005 年				授课学院	海洋科学与技术学院	

2. 课程简介

本课程是海洋技术本科专业的专业基础课程。信号与系统是海洋探测技术的灵魂，学生不仅能够了解信号与系统的目的和意义，理解信号与系统的关系，掌握信号与系统的基本概念、原理和方法，也能够将数学和电工学等知识应用于分析和解决复杂的信号和系统的分析和设计等问题。

3. 课程目标

（1）掌握信号与系统的基本概念、原理和方法，能够解决复杂的信号与系统的分析等问题。

（2）能够针对复杂的信号与系统问题，识别和表达关键环节或因素，分析和获取有效结论。

（3）能够针对特定的问题，设计和开发与系统分析相关的算法或模型，并能体现创新意识。

（4）能够针对特定的需求，查阅文献、自主学习，理解和解决信号和系统设计等相关问题。

（5）了解本课程的内容和要求，实事求是、诚实守信，培养学生的家国情怀、社会责任感等。

表 6.13 给出了本课程的课程目标与毕业要求的关系。

表 6.13　课程目标与毕业要求的关系

课程目标	毕业要求											
	1	2	3	4	5	6	7	8	9	10	11	12
1	●											
2		●										
3			●									
4												●
5								●				

4. 教学内容

第 1 章　信号与系统

1.1　引言

1.2　信号与系统的概念
1.3　信号的分类、表示与分解
1.4　系统的分类、表示与性质
1.5　信号与系统的分析方法
1.6　小结
第 2 章　信号与系统的时域分析
2.1　引言
2.2　连续信号的时域分析
2.3　连续系统的时域分析
2.4　离散信号的时域分析
2.5　离散系统的时域分析
2.6　小结
第 3 章　信号与系统的频域分析
3.1　引言
3.2　连续信号的频域分析
3.3　连续系统的频域分析
3.4　离散信号的频域分析
3.5　离散系统的频域分析
3.6　小结
第 4 章　信号与系统的复频域分析
4.1　引言
4.2　连续信号的 S 域分析
4.3　连续系统的 S 域分析
4.4　离散信号的 Z 域分析
4.5　离散系统的 Z 域分析
4.6　小结
第 5 章　状态方程与状态变量分析
5.1　引言
5.2　连续系统的状态方程
5.3　连续系统的状态变量分析

5.4　离散系统的状态方程

5.5　离散系统的状态变量分析

5.6　小结

第 6 章　系统函数与自动控制

6.1　系统函数的概念

6.2　控制系统的数学模型

6.3　控制系统的结构与特性

6.4　控制系统的分析与设计

6.5　一个自动控制系统示例

6.6　小结

5. 教学要求

（1）学会信号与系统的基本概念、性质和表示，能够分析和解决信号与系统的关系等问题。

1.1　知识：掌握信号与系统的基本概念、性质和表示。

1.1.1　知识点：信号与系统的概念和意义。

1.1.2　知识点：信号的分类、表示和分解。

1.1.3　知识点：系统的分类、表示和性质。

1.1.4　知识点：线性时不变系统的特征。

1.1.5　知识点：系统分析方法的分类和特性。

1.2　能力：理解信号与系统的关系，分析或推导信号与系统的表示和特性等相关算法。

（2）学会信号与系统的时域特性和分析方法，能够分析和解决信号与系统的时域分析等问题。

2.1　知识：掌握信号与系统的时域特性和分析方法。

2.1.1　知识点：信号与系统的响应函数和特性。

2.1.2　知识点：连续信号的时域表示和计算。

2.1.3　知识点：连续系统的时域表示和计算。

2.1.4　知识点：离散信号的时域表示和计算。

2.1.5　知识点：离散系统的时域表示和计算。

2.2　能力：理解连续与离散的关系，分析或推导信号与系统的时域分析等相关算法。

（3）学会信号与系统的频域特性和分析方法，能够分析和解决信号与系统的频域分析等问题。

3.1　知识：掌握信号与系统的频域特性和分析方法。

3.1.1　知识点：傅里叶变换的概念和性质。

3.1.2　知识点：连续信号的频域表示和分析。

3.1.3　知识点：连续系统的频域表示和分析。

3.1.4　知识点：离散信号的频域表示和分析。

3.1.5　知识点：离散系统的频域表示和分析。

3.2　能力：理解时域与频域的关系，分析或推导信号与系统的频域分析等相关算法。

（4）学会信号与系统的复频域特性和分析方法，能够分析和解决信号与系统的复频域分析等问题。

4.1　知识：掌握信号与系统的复频域特性和分析方法。

4.1.1　知识点：收敛域和复频域的概念。

4.1.2　知识点：拉普拉斯变换的性质和计算。

4.1.3　知识点：连续信号的 S 域表示和分析。

4.1.4　知识点：连续系统的 S 域表示和分析。

4.1.5　知识点：Z 变换的定义、性质和计算。

4.1.6　知识点：离散信号的 Z 域表示和分析。

4.1.7　知识点：离散系统的 Z 域表示和分析。

4.2　能力：理解频域与复频域的关系，分析或推导信号与系统的复频域分析等相关算法。

（5）学会系统的状态特性和分析方法，能够分析和解决系统状态特性的分析、表示和设计等问题。

5.1　知识：掌握系统的状态特性和分析方法。

5.1.1　知识点：系统状态方程的概念和表示。

5.1.2　知识点：连续系统的状态方程和求解。

5.1.3　知识点：离散系统的状态方程和求解。

5.2　能力：理解变量与状态的关系，分析或推导系统状态变量的表示和分析等相关算法。

（6）学会自动控制的基本概念、特性和方法，能够分析和解决控制系统的分析、表示和设计等问题。

6.1　知识：掌握系统自动控制的基本概念、特性和方法。

6.1.1　知识点：系统函数的概念和特性。

6.1.2　知识点：控制系统的数学模型。

6.1.3　知识点：自动控制的分类和结构。

6.1.4　知识点：自动控制的设计和要求。

6.2　能力：理解系统与控制的关系，分析或设计一个典型的自动控制系统的相关示例。

（7）了解教学内容和要求，做到诚实守信，具有家国情怀，培养学生的科学思维和创新意识。

7.1　品格：了解教学要求，培养学生诚实守信的品格，孕育家国情怀和社会责任感。

7.2　思维：了解教学内容，培养学生的独立思考的能力，强化系统等思维和创新意识。

表 6.14 给出了本课程的教学要求与课程目标的关系。

表 6.14　教学要求与课程目标的关系

教学要求		课程目标				
		1	2	3	4	5
1	1.1	●				
	1.2		●			
2	2.1	●				
	2.2		●	●		
3	3.1	●				
	3.2		●	●		
4	4.1	●				
	4.2		●	●		

续表

教学要求		课程目标				
		1	2	3	4	5
5	5.1	●				
	5.2		●	●		
6	6.1	●				
	6.2		●	●		
7	7.1					●
	7.2				●	

6. 课程评价

课程评价是由教学要求和课程目标的评价组成的，本课程的教学要求是由课堂表现、课程考试和课外作业，同时，设置不同的标准和权重的考核方式实现的，课程目标是按照与教学要求的关系分析和评价的，可见表 6.14。

表 6.15 给出了本课程教学要求的评价与考核方式。

表 6.15 教学要求的评价与考核方式

教学要求		权重配置			比例分配（%）
		课堂表现	课程考试	课外作业	
1	1.1		10		10
	1.2		3		3
2	2.1		10		10
	2.2		4	5	9
3	3.1		12		12
	3.2		4	4	8
4	4.1		8		8
	4.2		2	3	5
5	5.1		6		6
	5.2		2		2

续表

教学要求		权重配置			比例分配（%）
		课堂表现	课程考试	课外作业	
6	6.1		6		6
	6.2		3	3	6
7	7.1	8		2	10
	7.2	2		3	5
合计		10	70	20	100

6.6　海洋机械原理

1. 基本信息

课程代码	2270122	课程名称	海洋机械原理	英文名称	Marine Mechanical Principle		
课程类别	专业基础课	课程性质	必修	学时 / 学分	40/2.5	适用专业	海洋技术
预修课程	电工学原理、信号与系统				同修课程	海洋光学原理、海洋声学原理	
参考教材	机械原理与机械设计，张策主编，机械工业出版社，2011				授课学院	海洋科学与技术学院	

2. 课程简介

本课程是海洋技术本科专业的专业基础课程。机械学是海洋探测技术的支柱，通过本课程的学习，学生不仅能够了解海洋机械的对象、目的和特点，理解机械与海洋探测技术的关系，掌握与海洋机械相关的机构学和机器动力学的基本概念、原理和方法，学会海洋机械的机构分析和设计等技术，也能够将物理学和电工学等知识应用于分析和解决复杂的海洋机械分析和设计等问题。

3. 课程目标

（1）掌握海洋机械的基本概念、原理和方法，能够分析和解决复杂的机构分析和设计问题。

（2）能够针对复杂的机构分析问题，识别和表达关键的环节或因素，分析和获取有效结论。

（3）能够针对特定的问题，设计和开发相关的零部件或算法，并能体现创新意识和创造力。

（4）能够针对特定的要求了解和选择恰当的 AutoCAD 等制图工具，并能够理解其局限性。

（5）能够针对特定的需求，查阅文献、自主学习，分析和理解与海洋探测相关的机械问题。

（6）了解本课程的内容和要求，实事求是、诚实守信，培养学生的家国情怀、社会责任感等。

表 6.16 给出了本课程的课程目标与毕业要求的关系。

表 6.16　课程目标与毕业要求的关系

课程目标	毕业要求											
	1	2	3	4	5	6	7	8	9	10	11	12
1	●											
2		●										
3			●									
4					●							
5												●
6								●				

4. 教学内容

第 1 章　海洋机械的机构

1.1　引言

1.2　海洋机械的概念

1.3　海洋机械的机构

1.4　机构的分类、特性和要求

1.5　机构的结构体系

1.6　小结

第 2 章　平面机构的分析

2.1　引言

2.2　平面机构结构分析
2.3　平面机构运动分析
2.4　平面机构力学分析
2.5　小结
第 3 章　机械系统动力学
3.1　引言
3.2　多自由度动力学分析
3.3　单自由度动力学模型
3.4　机械系统运动方程式
3.5　机械速度波动的调节
3.6　平面机构的平衡方法
3.7　小结
第 4 章　机械识图和绘制
4.1　引言
4.2　机械制图原理
4.3　零部件图的识图
4.4　装配图的绘制
4.5　小结
第 5 章　机械零部件设计
5.1　引言
5.2　海洋环境的影响
5.3　零部件能力设计
5.4　零部件结构设计
5.5　小结
第 6 章　水密装置设计
6.1　引言
6.2　结构和力学分析
6.3　零部件的结构与设计
6.4　装配系统的设计
6.5　小结

5. 教学要求

（1）学会海洋机械的基本概念、机构和特性，能够分析和认知海洋探测与机械的关系等问题。

1.1　知识：掌握海洋机械的基本概念、机构和特性。

1.1.1　知识点：海洋机械的概念和意义。

1.1.2　知识点：海洋机械的机构和特性。

1.1.3　知识点：机构的分类和组成要素。

1.2　能力：理解海洋与机械的关系，分析和认知海洋机械的机构、特性等相关问题。

（2）学会平面机构的基本概念、特性和分析，能够分析和解决机构的结构和力学等分析问题。

2.1　知识：掌握平面机构的基本概念、特性和分析方法。

2.1.1　知识点：平面机构的分类、组成和特性。

2.1.2　知识点：机构的结构、表示和分析方法。

2.1.3　知识点：机构的运动、表示和分析方法。

2.1.4　知识点：机构的力学、表示和分析方法。

2.2　能力：理解机械与机构的关系，设计或推导机构图绘制和自由度分析等相关算法。

（3）学会机械系统动力学的基本概念、原理和方法，能够分析和解决机械系统动力学等问题。

3.1　知识：掌握机械系统动力学的基本概念、原理和方法。

3.1.1　知识点：单自由度机械系统的结构和动力学模型。

3.1.2　知识点：机械系统运动方程式和刚性转子的平衡。

3.1.3　知识点：多自由度机械系统动力学分析的方法。

3.1.4　知识点：机械速度波动的调节和平面机构的平衡。

3.2　能力：理解系统与机构的关系，设计或推导单自由度机械系统动力学等相关算法。

（4）学会机械制图的基本概念、原理和方法，能够分析和解决零部件图的识图和绘制等问题。

4.1　知识：掌握机械制图的基本概念、原理和方法。

4.1.1　知识点：机械制图的基本原理和方法。

4.1.2　知识点：典型零部件图的分析和识图。

4.1.3　知识点：AutoCAD 软件的结构和功能。

4.2　能力：理解机械设计与制图的关系，分析和完成典型的机械零部件的识别或绘制。

（5）学会零部件设计的基本概念、原理和方法，能够分析和解决典型零部件分析和设计等问题。

5.1　知识：掌握零部件设计的基本概念、原理和方法。

5.1.1　知识点：海洋动力和化学等要素的分析。

5.1.2　知识点：海洋要素对零部件设计的影响。

5.1.3　知识点：零部件能力分析、设计和计算。

5.1.4　知识点：零部件结构分析、设计和计算。

5.2　能力：理解能力与结构的关系，分析或推导零部件能力或结构的设计等相关算法。

（6）学会水密装置的结构、特性和设计方法，能够分析和解决水密装置的设计和测试等问题。

6.1　知识：掌握水密装置的结构、特性和设计方法。

6.1.1　知识点：水密装置的结构和特性。

6.1.2　知识点：海洋环境影响的分析。

6.1.3　知识点：水密装置零部件的设计。

6.1.4　知识点：水密装置的装配和测试。

6.2　能力：理解零部件与系统的关系，分析或完成水密装置的零部件装配的设计和制图。

（7）了解教学内容和要求，做到诚实守信，具有家国情怀，培养学生的科学思维和创新意识。

7.1　品格：了解教学要求，培养学生诚实守信的品格，孕育家国情怀和社会责任感。

7.2　思维：了解教学内容，培养学生的独立思考的能力，强化多学科交叉等思维和创新意识。

表 6.17 给出了本课程的教学要求与课程目标的关系。

表 6.17　教学要求与课程目标的关系

教学要求		课程目标					
		1	2	3	4	5	6
1	1.1	●					
	1.2		●				
2	2.1	●					
	2.2		●	●			
3	3.1	●					
	3.2		●	●			
4	4.1				●		
	4.2				●		
5	5.1	●					
	5.2		●	●			
6	6.1	●					
	6.2		●				
7	7.1						●
	7.2					●	

6. 课程评价

课程评价是由教学要求和课程目标的评价组成的，本课程的教学要求是由课堂表现、课程考试和课外作业，同时，设置不同的标准和权重的考核方式实现的，课程目标是按照与教学要求的关系分析和评价的，可见表 6.17。

表 6.18 给出了本课程教学要求的评价与考核方式。

表 6.18　教学要求的评价与考核方式

教学要求		权重配置			比例分配（%）
		课堂表现	课程考试	课外作业	
1	1.1		6		6
	1.2		2	2	4

续表

教学要求		权重配置			比例分配（%）
		课堂表现	课程考试	课外作业	
2	2.1		12		12
	2.2		3	4	7
3	3.1		10		10
	3.2		3	4	7
4	4.1		8		8
	4.2		2	3	5
5	5.1		10		10
	5.2		3	2	5
6	6.1		6		6
	6.2		2		2
7	7.1	8	3	2	13
	7.2	2		3	5
合计		10	70	20	100

6.7　海洋光学原理

1. 基本信息

课程代码	2270006	课程名称	海洋光学原理	英文名称	Principles of Marine Optics		
课程类别	专业基础课	课程性质	必修	学时 / 学分	40/2.5	适用专业	海洋技术
预修课程	大学物理、高等数学				同修课程	海洋声学原理	
参考教材	现代光学基础，钟锡华编著，北京大学出版社，2012				授课学院	海洋科学与技术学院	

2. 课程简介

本课程是海洋技术本科专业的专业基础课程。光学是海洋探测技术的支点，通过本课程的学习，学生不仅能够了解海洋光学的对象、目的和特点，理解光学与海洋探测技术的关系，掌握海洋光学的基本概念、原理和方法，也能够将数学和物理学等知识应用于分析和解决海洋光学探测技术或工程等问题。

3. 课程目标

（1）掌握海洋光学的基本概念、原理和方法，能够分析和解决复杂的海洋光学技术等问题。

（2）能够针对复杂的海洋光学问题，识别和表达关键的环节或因素，分析和获取有效结论。

（3）能够针对特定的问题，设计和开发与海洋光学相关的模型或算法，并能体现创新意识。

（4）能够针对特定的需求，查阅文献，自主学习，分析和理解与海洋探测相关的光学问题。

（5）了解本课程的内容和要求，实事求是，诚实守信，培养学生的家国情怀和社会责任感等。

表 6.19 给出了本课程的课程目标与毕业要求的关系。

表 6.19　课程目标与毕业要求的关系

课程目标	毕业要求											
	1	2	3	4	5	6	7	8	9	10	11	12
1	●											
2		●										
3			●									
4												●
5								●				

4. 教学内容

第 1 章　几何光学

1.1　引言

1.2　光程和折射率

1.3　费马原理

1.4　光学成像

1.5　变折射率原理

1.6　小结

第 2 章　波动光学

2.1　引言

2.2　光是电磁波

2.3　光波的干涉和衍射

2.4　光波的偏振

2.5　光波的吸收、色散和散射

2.6　小结

第 3 章　介质界面光学

3.1　引言

3.2　菲涅耳公式

3.3　反射率和透射率

3.4　反射光的相位

3.5　反射光的偏振

3.6　小结

第 4 章　相干光学

4.1　引言

4.2　光波的叠加

4.3　光波的空间相干

4.4　光波的时间相干

4.5　激光

4.6　小结

第 5 章　海洋光学

5.1　引言

5.2　海洋光学特性

5.3　海洋光学遥感

5.4　水下光学成像

5.5　水下光纤水听

5.6　激光水深测量

5.7　小结

5. 教学要求

（1）学会几何光学的基本概念、原理和方法，能够解决几何光学的分析和认知问题。

1.1　知识：掌握几何光学的基本概念、原理和方法。

1.1.1　知识点：几何光学的基本概念和特点。

1.1.2　知识点：光程、折射率的公式和意义。

1.1.3　知识点：几何光学的基本定理和性质。

1.1.4　知识点：费马原理和光学成像模型。

1.1.5　知识点：变折射率的概念、原理和方法。

1.2　能力：理解费马原理与成像的关系，分析或推导光程和折射率计算、光线方程等相关算法。

（2）学会波动光学的基本概念、原理和方法，能够解决波动光学的分析和认知问题。

2.1　知识：掌握波动光学的基本概念、原理和方法。

2.1.1　知识点：光学的电磁性和表示。

2.1.2　知识点：波动方程和参数。

2.1.3　知识点：光波的干涉和衍射。

2.1.4　知识点：光波的偏振和叠加。

2.1.5　知识点：光波的吸收、色散和散射。

2.2　能力：理解波动与几何光学的关系，分析或推导波动方程、光波的干涉与叠加等相关算法。

（3）学会介质界面光学的基本概念、原理和方法，能够解决介质界面光学的分析问题。

3.1　知识：掌握介质界面光学的基本概念、原理和方法。

3.1.1　知识点：菲涅耳公式的参数和意义。

3.1.2　知识点：反射率和透射率的计算。

3.1.3　知识点：光线的相位和偏振特性。

3.1.4　知识点：流体介质中的光线传播。

3.2　能力：理解光线传播与介质的关系，分析或推导反射率和透射率计算、相位变化等相关算法。

（4）学会相干光学和激光的基本概念、原理和方法，能够解决相干光学和激光分析问题。

4.1　知识：掌握相干光学和激光的基本概念、原理和方法。

4.1.1　知识点：相干光学的概念和特点。

4.1.2　知识点：光波的叠加和相干原理。

4.1.3　知识点：光波的空间相干性。

4.1.4　知识点：光波的时间相干性。

4.1.5　知识点：激光的原理和性质。

4.2　能力：理解光学相干与激光的关系，分析或推导光波的时间和空间相干性、激光等相关算法。

（5）学会海洋光学的基本概念、原理和方法，能够解决海洋光学探测的特性和分析问题。

5.1　知识：掌握海洋光学的基本概念、原理和方法。

5.1.1　知识点：海洋光学特性的概念和内容。

5.1.2　知识点：海洋遥感的概念和光学原理。

5.1.3　知识点；水下成像的概念和光学原理。

5.1.4　知识点：激光测深的概念和光学原理。

5.1.5　知识点：光纤水听的概念和光学原理。

5.2　能力：理解光学与海洋的关系，分析或推导水下成像、激光测深、光纤水听等相关算法。

（6）了解教学内容和要求，做到诚实守信，具有家国情怀，培养学生的科学思维和创新意识。

6.1　品格：了解教学要求，培养学生诚实守信的品格，孕育家国情怀和社会责任感。

6.2　思维：了解教学内容，培养学生的独立思考的能力，强化多学科交叉等思维和创新意识。

表 6.20 给出了本课程的教学要求与课程目标的关系。

表 6.20　教学要求与课程目标的关系

教学要求		课程目标				
		1	2	3	4	5
1	1.1	●				
	1.2		●			
2	2.1	●				
	2.2		●	●		
3	3.1	●				
	3.2		●	●		
4	4.1	●				
	4.2		●	●		
5	5.1	●				
	5.2		●	●		
6	6.1					●
	6.2				●	

6. 课程评价

课程评价是由教学要求和课程目标的评价组成的，本课程的教学要求是由课堂表现、课程考试和课外作业，同时，设置不同的标准和权重的考核方式实现的，课程目标是按照与教学要求的关系分析和评价的，可见表 6.20。

表 6.21 给出了本课程教学要求的评价与考核方式。

表 6.21　教学要求的评价与考核方式

教学要求		权重配置			比例分配（%）
		课堂表现	课程考试	课外作业	
1	1.1		12		12
	1.2		6	5	11
2	2.1		10		10
	2.2		4	4	8

续表

教学要求		权重配置			比例分配（%）
		课堂表现	课程考试	课外作业	
3	3.1		10		10
	3.2		4	3	7
4	4.1		10		10
	4.2		3	3	6
5	5.1		8		8
	5.2		3		3
6	6.1	8		2	10
	6.2	2		3	5
合计		10	70	20	100

6.8　海洋声学原理

1. 基本信息

课程代码	2270004	课程名称	海洋声学原理	英文名称	Principles of Marine Acoustics		
课程类别	专业基础课	课程性质	必修	学时 / 学分	40/2.5	适用专业	海洋技术
预修课程	大学物理、高等数学				同修课程	海洋光学原理	
参考教材	水声学，汪德昭、尚尔昌著，科学出版社，2013				授课学院	海洋科学与技术学院	

2. 课程简介

本课程是海洋技术本科专业的专业基础课程。水声学是海洋探测技术的支柱，通过本课程的学习，学生不仅能够了解海洋声学的对象、目的和特点，理解海洋探测技术与水声的关系，掌握海洋声学的基本概念、原理和方法，也能够将数学和物理学等知识应用于分析和解决复杂的海洋声学探测技术或工程问题。

3. 课程目标

（1）掌握海洋声学的基本概念、原理和方法，能够分析和解决复杂的海洋声学技术等问题。

（2）能够针对复杂的海洋声学问题，识别和表达关键的环节或因素，分析和获取有效结论。

（3）能够针对特定的问题，设计和开发与海洋声学相关的模型或算法，并能体现创新意识。

（4）能够针对特定的需求，查阅文献、自主学习，分析和理解与海洋探测相关的声学问题。

（5）了解本课程的内容和要求，实事求是、诚实守信，培养学生的家国情怀、社会责任感等。

表 6.22 给出了本课程的课程目标与毕业要求的关系。

表 6.22　课程目标与毕业要求的关系

课程目标	毕业要求											
	1	2	3	4	5	6	7	8	9	10	11	12
1	●											
2		●										
3			●									
4												●
5								●				

4. 教学内容

第 1 章　振动与声波

1.1　引言

1.2　声波

1.3　声场的能量关系

1.4　平面波

1.5　平面波的叠加

1.6　多普勒效应

1.7　小结

第 2 章　海洋声学传播

2.1　引言
2.2　海水中的声速
2.3　海水中的衰减
2.4　海水声波的传播
2.5　海底声波的反射
2.6　海面声波的散射
2.7　小结
第 3 章　海洋混响和噪声
3.1　引言
3.2　体积混响
3.3　海面混响
3.4　海底混响
3.5　海洋噪声
3.6　小结
第 4 章　水声换能器
4.1　引言
4.2　水声换能器
4.3　水声信号的发射
4.4　水声信号的接收
4.5　水声探测距离
4.6　小结
第 5 章　声呐方程
5.1　引言
5.2　设备声呐参数
5.3　介质声呐参数
5.4　目标声呐参数
5.5　水声仪器声呐方程
5.6　小结

5. 教学要求

（1）学会海洋声学的基本概念、原理和方法，能够分析和解决声波的性质和表示等问题。

1.1 知识：掌握声学的基本概念、机构和特性。

1.1.1 知识点：振动与声波的关系。

1.1.2 知识点：声波方程和参数。

1.1.3 知识点：声场的能量关系。

1.1.4 知识点：平面声波的性质。

1.1.5 知识点：声波的叠加和相干。

1.2 能力：理解振动与声波的关系，分析或推导声波方程和声波叠加等相关算法。

（2）学会海洋声学传播的基本概念、机理和特性，能够分析和解决海洋声波传播等问题。

2.1 知识：掌握海洋声学传播的基本概念、机理和特性。

2.1.1 知识点：声速变化的机理和计算。

2.1.2 知识点：声波衰减的机理和特性。

2.1.3 知识点：海水声波的折射和绕射。

2.1.4 知识点：海底声波的散射和反射。

2.1.5 知识点：海面声波的散射和反射。

2.1.6 知识点：海洋声线方程和计算。

2.2 能力：理解声波与海洋的关系，分析或推导水声传播模型的计算等相关算法。

（3）学会海洋混响和噪声的基本概念、机理和特性，能够分析和解决海洋混响和噪声问题。

3.1 知识：掌握海洋混响和噪声的基本概念、机理和特性。

3.1.1 知识点：海洋混响和噪声的概念。

3.1.2 知识点：体积混响的机理和特点。

3.1.3 知识点：海面混响的机理和特点。

3.1.4 知识点：海底混响的机理和特点。

3.1.5 知识点：海洋噪声的机理和模型。

3.2 能力：理解混响与噪声的关系，分析或推导海洋混响模型的表示等相关算法。

（4）学会水声换能器的基本概念、原理和方法，能够分析和解决水声信号收发机理等问题。

4.1　知识：掌握海洋混响和噪声的基本概念、机理和特性。

4.1.1　知识点：水声换能器的概念和参数。

4.1.2　知识点：发射声波的叠加和指向性。

4.1.3　知识点：接收声波的叠加和指向性。

4.1.4　知识点：最大和最小水声探测距离。

4.2　能力：理解方向与强度的关系，分析或推导多波束指向性的计算等相关算法。

（5）学会声呐方程的基本概念、原理和特点，能够分析和解决声呐方程的表示和认知问题。

5.1　知识：掌握声呐方程的基本概念、原理和特点。

5.1.1　知识点：声呐方程的概念和结构。

5.1.2　知识点：设备参数的意义和特点。

5.1.3　知识点：介质参数的意义和特点。

5.1.4　知识点：目标参数的意义和特点。

5.2　能力：理解声呐与参数的关系，分析或推导声呐方程参数特性等相关算法。

（6）了解教学内容和要求，做到诚实守信，具有家国情怀，培养学生的科学思维和创新意识。

6.1　品格：了解教学要求，培养学生诚实守信的品格，孕育家国情怀和社会责任感。

6.2　思维：了解教学内容，培养学生的独立思考的能力，强化多学科交叉等思维和创新意识。

表 6.23 给出了本课程的教学要求与课程目标的关系。

表 6.23 教学要求与课程目标的关系

教学要求		课程目标				
		1	2	3	4	5
1	1.1	●				
	1.2		●			
2	2.1	●				
	2.2		●	●		
3	3.1	●				
	3.2		●	●		
4	4.1	●				
	4.2		●	●		
5	5.1	●				
	5.2		●	●		
6	6.1					●
	6.2				●	

6. 课程评价

课程评价是由教学要求和课程目标的评价组成的，本课程的教学要求是由课堂表现、课程考试和课外作业，同时，设置不同的标准和权重的考核方式实现的，课程目标是按照与教学要求的关系分析和评价的，可见表 6.23。

表 6.24 给出了本课程教学要求的评价与考核方式。

表 6.24 教学要求的评价与考核方式

教学要求		权重配置			比例分配（%）
		课堂表现	课程考试	课外作业	
1	1.1		12		12
	1.2		5	4	9
2	2.1		12		12
	2.2		5	4	9

续表

教学要求		权重配置			比例分配（%）
		课堂表现	课程考试	课外作业	
3	3.1		8		8
	3.2		3	2	5
4	4.1		10		10
	4.2		4	3	7
5	5.1		8		8
	5.2		3	2	5
6	6.1	8		2	10
	6.2	2		3	5
合计		10	70	20	100

6.9　误差理论与测量平差

1. 基本信息

课程代码	2270005	课程名称	误差理论与测量平差	英文名称	Marine Surveying Adjustment		
课程类别	专业基础课	课程性质	必修	学时 / 学分	48/3	适用专业	海洋技术
预修课程	高等数学、海洋技术导论				同修课程	海洋大地测量	
参考教材	误差理论与测量平差基础，武汉大学测绘学院测量平差学科组编著，武汉大学出版社，2003				授课学院	海洋科学与技术学院	

2. 课程简介

本课程是海洋技术本科专业的专业基础课程。误差理论是整个海洋技术的灵魂，通过本课程的学习，学生不仅能够了解测量误差的分类、性质和意义，理解误差与测量平差的关系，掌握测量平差的基本概念、原理和方法，学会测量平差的表示、计算和评价，也能够将数学等知识应用于解决复杂的误差分析和测量平差等问题。

3. 课程目标

（1）掌握测量误差和平差的基本概念、原理和方法，能够分析和解决复杂的误差理论问题。

（2）能够针对复杂的测量平差问题，识别和表达关键的环节或因素，分析和获取有效结论。

（3）能够针对特定的问题，开发和设计与测量平差相关的模型或算法，并能体现创新意识。

（4）能够针对特定的需求，查阅文献、自主学习，分析和理解与海洋测量相关的误差问题。

（5）了解本课程的内容和要求，实事求是、诚实守信，培养学生的家国情怀和责任意识等。

表 6.25 给出了本课程的课程目标与毕业要求的关系。

表 6.25　课程目标与毕业要求的关系

课程目标	毕业要求											
	1	2	3	4	5	6	7	8	9	10	11	12
1	●											
2		●										
3			●									
4												●
5								●				

4. 教学内容

第 1 章　绪论

1.1　测量误差

1.2　测量平差的对象、目的与方法

1.3　测量平差的简史

1.4　与相关学科的关系

第 2 章　误差理论

2.1　引言

2.2　误差分布
2.3　质量指标
2.4　协方差和权
2.5　误差椭圆
2.6　小结
第 3 章　平差数学模型
3.1　引言
3.2　函数模型
3.3　平差数学模型：
3.4　参数估计
3.5　最小二乘原理
3.6　小结
第 4 章　条件平差
4.1　引言
4.2　条件平差原理
4.3　条件方程、
4.4　平差精度评定
4.5　附有参数的条件平差
4.6　小结
第 5 章　间接平差
5.1　引言
5.2　间接平差原理
5.3　误差方程
5.4　平差精度评定
5.5　附有参数的间接平差（附有参数的间接平差原理，精度评定）
5.6　小结
第 6 章　测量平差的假设检验
6.1　引言
6.2　误差分布的检验
6.3　平差模型的检验

6.4　平差参数的检验

6.5　粗差检验和探测

6.6　小结

5. 教学要求

（1）学会测量平差的对象、性质和目的，能够分析和认知观测与多余观测的性质和关系等问题。

1.1　知识：掌握测量平差的对象、性质和目的。

1.1.1　知识点：测量误差的来源和分类。

1.1.2　知识点：观测和多余观测的关系。

1.1.3　知识点：测量平差的对象和性质。

1.1.4　知识点：测量平差理论和技术沿革。

1.2　能力：理解误差与平差的关系，分析或归纳测量平差理论与技术的沿革和性质。

（2）学会测量误差的基本概念、性质和评价，能够认知和解决测量误差的分析和评价等问题。

2.1　知识：掌握测量误差的基本概念、性质和评价。

2.1.1　知识点：测量误差的分类和性质。

2.1.2　知识点：偶然误差和正态分布。

2.1.3　知识点：测量质量的评价指标。

2.1.4　知识点：精度、精确度、准确度。

2.1.5　知识点：协方差和协因数传播率。

2.1.6　知识点：权的概念与定权的方法。

2.1.7　知识点：误差椭圆和误差曲线。

2.2　能力：理解方差与协方差的关系，分析或推导测量误差的表示和评价等相关算法。

（3）学会平差数学模型的基本概念、原理和方法，能够认知和解决测量平差数学模型等问题。

3.1　知识：掌握平差数学模型的基本概念、原理和方法。

3.1.1　知识点：函数模型的概念和特性。

3.1.2　知识点：函数模型的线性化。

3.1.3　知识点：平差数学模型的表示。

3.1.4　知识点：平差数学模型的参数估计。

3.1.5　知识点：最小二乘原理和计算。

3.2　能力：理解线性与非线性的关系，分析或推导平差模型的参数估计等相关算法。

（4）学会条件平差的基本概念、原理和方法，能够认知和解决条件平差模型的性质等问题。

4.1　知识：掌握条件平差的基本概念、原理和方法。

4.1.1　知识点：条件平差的原理和特性。

4.1.2　知识点：条件方程的列立和要求。

4.1.3　知识点：条件方程的计算和评价。

4.1.4　知识点：附有参数的条件平差和评价。

4.2　能力：理解线性与非线性的关系，分析或推导条件方程的表示和计算等相关算法。

（5）学会间接平差的基本概念、原理和方法，能够认知和解决间接平差模型的性质等问题。

5.1　知识：掌握间接平差的基本概念、原理和方法。

5.1.1　知识点：间接平差的原理和特性。

5.1.2　知识点：参数方程的表示和要求。

5.1.3　知识点：参数方程的计算和评价。

5.1.4　知识点：附有条件的间接平差和评价。

5.2　能力：理解条件与间接平差的关系，分析或推导参数方程的表示和计算等相关算法。

（6）学会假设检验的基本概念、原理和方法，能够认知和解决测量平差的统计检验等问题。

6.1　知识：掌握假设检验的基本概念、原理和方法。

6.1.1　知识点：假设检验的概念和原理。

6.1.2　知识点：误差分布的假设检验。

6.1.3　知识点：平差模型的假设检验。

6.1.4　知识点：测量粗差的检验和探测。

6.2 能力：理解假设检验与评价的关系，分析或推导测量粗差的检验和探测等相关算法。

（7）了解教学内容和要求，做到诚实守信，具有家国情怀，培养学生的科学思维和创新意识。

7.1 品格：了解教学要求，培养学生诚实守信的品格，孕育家国情怀和社会责任感。

7.2 思维：了解教学内容，培养学生的独立思考的能力，强化多学科交叉等思维和创新意识。

表 6.26 给出了本课程的教学要求与课程目标的关系。

表 6.26 教学要求与课程目标的关系

教学要求		课程目标				
		1	2	3	4	5
1	1.1	●				
	1.2		●			
2	2.1	●				
	2.2		●	●		
3	3.1	●				
	3.2		●	●		
4	4.1	●				
	4.2		●	●		
5	5.1	●				
	5.2		●	●		
6	6.1	●				
	6.2		●	●		
7	7.1					●
	7.2				●	

6. 课程评价

课程评价是由教学要求和课程目标的评价组成的，本课程的教学要求是由

课堂表现、课程考试和课外作业，同时，设置不同的标准和权重的考核方式实现的，课程目标是按照与教学要求的关系分析和评价的，可见表 6.26。

表 6.27 给出了本课程教学要求的评价与考核方式。

表 6.27　教学要求的评价与考核方式

教学要求		权重配置			比例分配（%）
		课堂表现	课程考试	课外作业	
1	1.1		6		6
	1.2		2		2
2	2.1		10		10
	2.2		4	4	8
3	3.1		8		8
	3.2		2	2	4
4	4.1		10		10
	4.2		4	4	8
5	5.1		10		10
	5.2		4	3	7
6	6.1		8		8
	6.2		2	2	4
7	7.1	8		2	10
	7.2	2		3	5
合计		10	70	20	100

第 7 章　海洋技术专业核心课程教学大纲

7.1　海洋探测平台

1. 基本信息

课程代码	2270033	课程名称	海洋探测平台	英文名称	Marine Exploring Platform		
课程类别	专业核心课	课程性质	必修	学时 / 学分	32/2	适用专业	海洋技术
预修课程	海洋机械原理				同修课程	海洋探测仪器	
参考教材	船舶设计原理，刘寅东主编，国防工业出版社，2010				授课学院	海洋科学与技术学院	

2. 课程简介

本课程是海洋技术本科专业的专业核心课程，会将学生引入一个多姿的海洋探测平台技术领域，学生不仅能够了解海洋探测平台的对象、目的和意义，理解平台与仪器的关系，掌握海洋探测平台的基本概念、原理和方法，学会海洋探测平台的设计、质量控制和要求，也能够将相关专业知识应用于解决复杂的海洋探测技术问题。

3. 课程目标

（1）掌握海洋探测平台的基本概念、原理和方法。能够解决复杂的海洋探测平台与仪器的结合问题。

（2）能够针对复杂的海洋探测平台技术问题识别和表达关键的环节或因素，分析和获取有效结论。

（3）能够针对特定的需求，设计和开发与海洋探测平台相关的零部件，并能体现创新意识和创造力。

（4）能够针对特定的工程，了解和选择恰当的设计、测试、CAD 绘图等工具，并能理解其局限性。

（5）能够针对特定的问题，查阅文献、自主学习、理解和解决与海洋探测平台设计相关的技术问题。

（6）了解和比较国内外海洋探测平台技术沿革，培养学生海洋意识、家国情怀和兴学强国的使命感。

表 7.1 给出了本课程的课程目标与毕业要求的关系。

表 7.1　课程目标与毕业要求的关系

课程目标	毕业要求											
	1	2	3	4	5	6	7	8	9	10	11	12
1	●											
2		●										
3			●									
4					●							
5												●
6								●				

4. 教学内容

第 1 章　绪论

1.1　海洋探测平台的概念

1.2　海洋探测平台的对象、目的和方法

1.3　海洋探测平台的体系结构

1.4　与相关学科的关系

第 2 章　海洋测量船

2.1　引言

2.2　海洋测量船的结构

2.3　海洋测量船的特性

2.4　海洋测量载荷的配置

2.5 海洋测量载荷的控制

2.6 小结

第 3 章 海洋移动探测平台

3.1 引言

3.2 海洋移动平台的结构

3.3 海洋移动平台的特性

3.4 海洋测量载荷的配置

3.5 海洋测量载荷的控制

3.6 小结

第 4 章 海洋定点探测平台

4.1 引言

4.2 海洋定点平台的结构

4.3 海洋定点平台的特性

4.4 海洋测量载荷的配置

4.5 海洋测量载荷的控制

4.6 小结

第 5 章 海洋探测平台设计实践

5.1 引言

5.2 水面浮标的设计

5.3 水声仪器的配置

5.4 智能仪器舱的设计

5.5 小结

5. 教学要求

（1）熟悉海洋探测平台的基本概念和体系结构，培养学生的海洋意识和家国情怀。

1.1 知识：海洋探测平台的定义、分类、特点、目的、方法、体系结构和要求等。

1.2 品格：了解海洋探测平台的意义和技术沿革，培养学生的兴学强国的使命感。

（2）学会海洋测量船的基本概念、结构和要求，能够分析和解决海洋测量船的配置和设计等问题。

2.1　知识：掌握海洋测量船的基本概念、结构和特点。

2.1.1　知识点：海洋测量船的结构和参数。

2.1.2　知识点：海洋测量船的电磁和声学特性。

2.1.3　知识点：海洋测量船的空间和动态特性。

2.1.4　知识点：海洋测量船载荷配置和设计。

2.1.5　知识点：海洋测量船载荷控制和安装。

2.2　能力：推导或开发海洋测量船载荷的配置和控制等相关部件或算法。

（3）学会海洋移动探测平台的基本概念、结构和要求，能够分析和解决海洋移动平台载荷配置等问题。

3.1　知识：掌握海洋移动平台的基本概念、结构和特点。

3.1.1　知识点：海洋移动平台的物理和空间特性。

3.1.2　知识点：水面移动平台的结构和参数设计。

3.1.3　知识点：水下移动平台的结构和参数设计。

3.1.4　知识点：海洋移动平台载荷的配置和控制。

3.1.5　知识点：海洋移动平台载荷的安装和布放。

3.2　能力：推导或开发海洋移动探测平台和载荷配置等相关部件或算法。

（4）学会海洋定点探测平台的基本概念、结构和要求，能够分析和解决海洋定点平台载荷配置等问题。

4.1　知识：掌握下列海洋定点探测平台的概念、结构和特点。

4.1.1　知识点：海洋定点平台的物理和空间特性。

4.1.2　知识点：海洋浮标和潜标的结构与设计。

4.1.3　知识点：海底观测站的结构和参数设计。

3.1.4　知识点：海洋定点平台载荷的配置和控制。

3.1.5　知识点：海洋定点平台载荷的安装和布放。

4.2　能力：推导或开发海洋定点探测平台和载荷配置等相关部件或算法。

（5）分析和设计海洋探测相关平台或部件，培养学生的工程思维和创新意识。

5.1　能力：分析和设计海洋移动探测平台或探测载荷配置等相关器件。

5.2　思维：了解教学要求，培养学生的系统、设计等思维和创新意识。

表 7.2 给出了本课程的教学要求与课程目标的关系。

表 7.2　教学要求与课程目标的关系

教学要求		课程目标					
		1	2	3	4	5	6
1	1.1	●					
	1.2						●
2	2.1	●				●	
	2.2		●	●			
3	3.1	●				●	
	3.2		●	●			
4	4.1	●				●	
	4.2		●	●			
5	5.1			●	●		
	5.2		●				

6. 课程评价

课程评价是由教学要求和课程目标的评价组成的，本课程的教学要求是由平时表现、课程设计和课程考试，同时，设置不同的标准和权重的考核方式实现的，课程目标是按照与教学要求的关系分析和评价的，可见表 7.2。

表 7.3 给出了本课程教学要求的评价与考核方式。

表 7.3　教学要求的评价与考核方式

教学要求		权重配置			比例分配（%）
		平时表现	课程考试	课程设计	
1	1.1	4	2		6
	1.2	2	6	2	10
2	2.1	4	10	4	18
	2.2		4	2	6

续表

教学要求		权重配置			比例分配（%）
		平时表现	课程考试	课程设计	
3	3.1	4	10	4	18
	3.2		4	2	6
4	4.1	4	11	4	19
	4.2		3	2	5
5	5.1	2		2	4
	5.2			8	8
合计		20	50	30	100

7.2　海洋探测仪器

1. 基本信息

课程代码	2270034	课程名称	海洋探测仪器	英文名称	Marine Exploring Instruments		
课程类别	专业核心课	课程性质	必修	学时 / 学分	32/2	适用专业	海洋技术
预修课程	海洋声学原理、海洋光学原理				同修课程	海洋探测平台	
授课教材	仪器设计技术基础，陈非凡编著，清华大学出版社，2007				授课学院	海洋科学与技术学院	

2. 课程简介

本课程是海洋技术本科专业的专业核心课程，会将学生引入一个多彩的海洋探测仪器技术领域，学生不仅能够了解海洋探测仪器的对象、目的和意义，理解海洋与仪器的关系，掌握海洋探测仪器的基本概念、原理和方法，学会海洋探测仪器的设计、质量控制和要求，也能够将相关专业知识应用于解决复杂的海洋探测技术问题。

3. 课程目标

（1）掌握海洋探测仪器的基本概念、原理和方法。能够解决复杂的声光电等海洋环境传感技术问题。

（2）能够针对复杂的海洋探测仪器技术问题，识别和表达关键的环节或因素，分析和获取有效结论。

（3）能够针对特定的需求，设计或开发与海洋仪器相关的器件或算法，并能体现创新意识和创造力。

（4）能够针对特定的要求，了解和选择恰当的设计、测试、Matlab 等工具，并能够理解其局限性。

（5）能够针对特定的问题，查阅文献、自主学习、理解和解决与海洋探测仪器设计相关的技术问题。

（6）了解和比较国内外海洋探测仪器技术沿革，培养学生海洋意识、家国情怀和兴学强国的使命感。

表 7.4 给出了本课程的课程目标与毕业要求的关系。

表 7.4　课程目标与毕业要求的关系

课程目标	毕业要求											
	1	2	3	4	5	6	7	8	9	10	11	12
1	●											
2		●										
3			●									
4					●							
5												●
6								●				

4. 教学内容

第 1 章　绪论

1.1　海洋探测仪器的概念

1.2　海洋探测仪器的对象、目的和方法

1.3　海洋探测仪器的体系结构

1.4　与相关学科的关系

第 2 章　海洋声学探测仪器

2.1　引言

2.2　仪器原理和结构
2.3　水声换能器
2.4　发射和接收装置
2.5　显示与控制装置
2.6　小结
第 3 章　海洋光学探测仪器
3.1　引言
2.2　仪器原理和结构
2.3　光学传感器
2.4　发射和接收装置
2.5　显示与控制装置
3.6　小结
第 4 章　海洋电磁探测仪器
4.1　引言
4.2　仪器原理和结构
4.3　电磁传感器
4.4　发射和接收装置
4.5　显示与控制装置
4.6　小结
第 5 章　海洋探测仪器技术实践
5.1　引言
5.2　温盐测量仪器设计
5.3　温盐传感器设计
5.4　显示与控制装置设计
5.5　小结

5. 教学要求

（1）熟悉海洋探测仪器的基本概念和体系结构，培养学生的海洋意识和家国情怀。

1.1　知识：海洋探测仪器的定义、分类、特点、目的、方法、体系结构和要求等。

1.2 品格：了解海洋探测仪器的意义和技术沿革，培养学生的兴学强国的使命感。

（2）学会海洋声学探测仪器的基本概念、原理和要求，能够分析和解决海洋声学仪器的设计等问题。

2.1 知识：掌握海洋声学探测仪器的基本概念、原理和特点。

2.1.1 知识点：海洋声学探测仪器的原理和结构。

2.1.2 知识点：海洋声学特性，水声换能器设计。

2.1.3 知识点：水声信号的收发、控制等算法。

2.1.4 知识点：单波束测深仪，多波束测深仪。

2.1.5 知识点：水声成像模式，浅地层剖面仪。

2.1.6 知识点：多普勒效应，多普勒测流仪器。

2.2 能力：推导或开发主要的海洋声学探测仪器相关器件或算法。

（3）学会海洋光学探测仪器的基本概念、原理和要求，能够分析和解决海洋光学仪器的设计等问题。

3.1 知识：掌握海洋光学探测仪器的基本概念、原理、结构和特点。

3.1.1 知识点：海洋光学探测仪器的原理和结构。

3.1.2 知识点：海洋光学特性，光学传感器设计。

3.1.3 知识点：光学成像模式，水下摄影装置。

3.1.4 知识点：激光扫描模式，激光探测雷达。

3.1.5 知识点：激光测深模式，激光测深仪器。

3.1.6 知识点：海水化学特性，光化学探测仪。

3.2 能力：推导或开发主要的海洋光学探测仪器相关器件或算法。

（4）学会海洋电磁探测仪器的基本概念、原理和要求，能够分析和解决海洋电磁仪器的设计等问题。

4.1 知识：掌握海洋电磁探测仪器的基本概念、原理和特点。

4.1.1 知识点：海洋电磁探测仪器的原理和结构。

4.1.2 知识点：海水压力特性，海洋水位计。

4.1.3 知识点：海水温盐特性，温盐深剖面仪。

4.1.4 知识点：海洋微波特性，海洋测波雷达。

4.1.5 知识点：海洋地磁特性，海洋磁力测量仪。

4.1.6　知识点：海水电学特性，电化学探测仪。

4.2　能力：推导或开发主要的海洋电磁探测仪器相关器件或算法。

（5）分析和设计海洋探测相关仪器或部件，培养学生的工程思维和创新意识。

5.1　能力：分析和设计温盐深剖面测量仪和相关装置、器件和算法。

5.2　思维：了解教学要求，培养学生的系统、设计等思维和创新意识。

表 7.5 给出了本课程的教学要求与课程目标的关系。

表 7.5　教学要求与课程目标的关系

教学要求		课程目标					
		1	2	3	4	5	6
1	1.1	●					
	1.2						●
2	2.1	●				●	
	2.2		●	●			
3	3.1	●				●	
	3.2		●	●			
4	4.1	●				●	
	4.2		●	●			
5	5.1			●	●		
	5.2		●				

6. 课程评价

课程评价是由教学要求和课程目标的评价组成的，本课程的教学要求是由平时表现、课程考试和课程设计，同时，设置不同的标准和权重的考核方式实现的，课程目标是按照与教学要求的关系分析和评价的，可见表 7.5。

表 7.6 给出了本课程教学要求的评价与考核方式。

表 7.6 教学要求的评价与考核方式

教学要求		权重配置			比例分配（%）
		平时表现	课程考试	课程设计	
1	1.1	8	2		10
	1.2		6	2	8
2	2.1		14	4	18
	2.2		4	2	6
3	3.1		11	4	15
	3.2		4	2	6
4	4.1		6	4	10
	4.2		3	2	5
5	5.1			14	14
	5.2	2		6	8
合计		10	50	40	100

7.3 海洋大地测量

1. 基本信息

课程代码	2270043	课程名称	海洋大地测量	英文名称	Marine Geodesy		
课程类别	专业核心课	课程性质	必修	学时 / 学分	32/2	适用专业	海洋技术
预修课程	海洋技术导论、误差理论与测量平差				同修课程	海洋定位技术	
参考教材	大地测量学基础，孔祥元等编著，武汉大学出版社，2010				授课学院	海洋科学与技术学院	

2. 课程简介

本课程是海洋技术本科专业的专业核心课程。会将学生引入一个神奇的海洋时空基准体系，学生不仅能够了解海洋大地测量的对象、目的和意义，理解深度与高程的关系，掌握海洋大地测量的基本概念、原理和方法，学会海洋大地测量的设计、质量控制和要求，也能够将相关专业知识应用于解决复杂的海洋大地测量技术问题。

3. 课程目标

（1）掌握海洋大地测量的基本概念、原理和方法。能够分析和解决复杂的海洋大地测量技术问题。

（2）能够针对复杂的海洋大地测量等问题，识别和表达关键的环节或因素，分析和获取有效结论。

（3）能够针对特定的需求，设计和开发与海洋大地测量相关的算法，并能体现创新意识和创造力。

（4）能够针对特定的工程，了解和选择恰当的测量标志、仪器和信息等工具，并能理解其局限性。

（5）能够针对特定的问题，查阅文献、自主学习，理解和解决与海洋大地测量相关的技术等问题。

（6）了解国内外海洋大地测量的技术沿革，培养学生的海洋意识、家国情怀和兴学强国的使命感。

表 7.7 给出了本课程的课程目标与毕业要求的关系。

表 7.7　课程目标与毕业要求的关系

课程目标	毕业要求											
	1	2	3	4	5	6	7	8	9	10	11	12
1	●											
2		●										
3			●									
4					●							
5												●
6								●				

4. 教学内容

第 1 章　绪论

1.1　海洋大地测量的概念

1.2　海洋大地测量的对象、目的与方法

1.3　海洋大地测量的分类与要求

1.4　海洋大地测量的技术体系
1.5　与相关学科的关系
第 2 章　海洋大地参照系
2.1　引言
2.2　大地坐标系
2.3　平面坐标系
2.4　高程参照系
2.5　深度参照系
2.6　小结
第 3 章　海洋水平控制测量
3.1　引言
3.2　水平控制测量原理
3.3　误差与要求
3.4　水平控制测量技术
3.5　小结
第 4 章　海洋高程控制测量
4.1　引言
4.2　高程控制测量原理
4.3　误差与要求
4.4　高程控制测量技术
4.5　小结
第 5 章　海洋深度控制测量
5.1　引言
5.2　深度控制测量原理
5.3　误差与要求
5.4　深度控制测量技术
5.5　小结
第 6 章　海洋大地测量实践
6.1　引言
6.2　海洋水平控制测量

6.3　海洋高程控制测量

6.4　海洋深度控制测量

6.5　小结

5. 教学要求

（1）熟悉海洋大地测量的基本概念和技术体系，培养学生的海洋意识和家国情怀。

1.1　知识：海洋大地测量的定义、特点、对象、目的、方法、体系结构和要求等。

1.2　品格：了解海洋大地测量的意义和技术沿革，培养学生的兴学强国的使命感。

（2）学会大地参照系的基本概念、结构和特点，能够分析和理解海洋大地参照系的关系。

2.1　知识：掌握大地参照系的基本概念、结构和特点。

2.1.1　知识点：地球椭球面和大地水准面。

2.1.2　知识点：大地坐标系与投影坐标系。

2.1.3　知识点：平均海面与理论深度基准面。

2.1.4　知识点：深度与高程的关系和变换。

2.2　能力：理解水平与垂直基准的关系，分析或推导深度与高程的变换等相关算法。

（3）学会水平控制测量的基本概念、原理与方法，能够分析和解决水平控制测量技术问题。

3.1　知识：掌握水平控制测量的基本概念、原理和方法。

3.1.1　知识点：水平控制测量的定义和特点。

3.1.2　知识点：水平控制网的设计和要求。

3.1.3　知识点：水平控制测量的质量控制。

3.1.4　知识点：水平控制测量计算与评价。

3.2　能力：理解地心与参心坐标系的关系，开发或推导水平控制测量计算等相关算法。

（4）学会高程控制测量的基本概念、原理与方法，能够分析和解决高程控制测量技术问题。

4.1 知识：掌握海洋高程控制测量的基本概念、原理和方法。

4.1.1 知识点：高程控制测量的定义和特点。

4.1.2 知识点：高程控制网的设计和要求。

4.1.3 知识点：高程控制测量的质量控制。

4.1.4 知识点：高程控制测量计算与评价。

4.2 能力：理解椭球面与水准面的关系，开发或推导高程控制测量计算等相关算法。

（5）学会深度控制测量的基本概念、原理与方法，能够分析和解决深度控制测量技术问题。

5.1 知识：掌握深度控制测量的基本概念、原理和方法。

5.1.1 知识点：深度控制测量的定义和特点。

5.1.2 知识点：深度控制点的设计和要求。

5.1.3 知识点：海洋水位观测的质量控制。

5.1.4 知识点：深度控制测量计算和评价。

5.1.5 知识点：深度基准面的传递与联测。

5.2 能力：理解高程与深度基准的关系，开发或推导深度控制测量的计算等相关算法。

（6）分析和完成海洋大地控制测量技术设计，培养学生的工程思维和创新意识。

6.1 能力：分析和完成深度、高度或水平等控制测量的技术设计。

6.2 思维：了解教学要求，培养学生的系统、设计等思维和创新意识。

表 7.8 给出了本课程的教学要求与课程目标的关系。

表 7.8 教学要求与课程目标的关系

<table>
<tr><th colspan="2" rowspan="2">教学要求</th><th colspan="6">课程目标</th></tr>
<tr><th>1</th><th>2</th><th>3</th><th>4</th><th>5</th><th>6</th></tr>
<tr><td rowspan="2">1</td><td>1.1</td><td>●</td><td></td><td></td><td></td><td></td><td></td></tr>
<tr><td>1.2</td><td></td><td></td><td></td><td></td><td></td><td>●</td></tr>
<tr><td rowspan="2">2</td><td>2.1</td><td>●</td><td></td><td></td><td></td><td>●</td><td></td></tr>
<tr><td>2.2</td><td></td><td>●</td><td>●</td><td></td><td></td><td></td></tr>
</table>

续表

教学要求		课程目标					
		1	2	3	4	5	6
3	3.1	●				●	
	3.2		●	●			
4	4.1	●				●	
	4.2		●	●			
5	5.1	●				●	
	5.2		●	●			
6	6.1			●	●		
	6.2		●				

6. 课程评价

课程评价是由教学要求和课程目标的评价组成的，本课程的教学要求是由平时表现、课程考试和课程设计，同时，设置不同的标准和权重的考核方式实现的，课程目标是按照与教学要求的关系分析和评价的，可见表 7.8。

表 7.9 给出了本课程教学要求的评价与考核方式。

表 7.9　教学要求的评价与考核方式

教学要求		权重配置			比例分配（%）
		平时表现	课程考试	课程设计	
1	1.1	4	2		6
	1.2	2	4		6
2	2.1	3	8		11
	2.2		2	2	4
3	3.1	6	6	4	16
	3.2		3	2	5
4	4.1	3	8	4	15
	4.2		3	2	5

续表

教学要求		权重配置			比例分配（%）
		平时表现	课程考试	课程设计	
5	5.1	2	11	4	17
	5.2		3	2	5
6	6.1			2	2
	6.2			8	8
合计		20	50	30	100

7.4 海洋定位技术

1. 基本信息

课程代码	2270011	课程名称	海洋定位技术	英文名称	Marine Positioning Technology		
课程类别	专业核心课	课程性质	必修	学时 / 学分	40/2.5	适用专业	海洋技术
预修课程	电工学原理、信号与系统				同修课程	海洋大地测量	
参考教材	海洋导航与定位技术，赵建虎等编著，武汉大学出版社，2017				授课学院	海洋科学与技术学院	

2. 课程简介

本课程是海洋技术本科专业的专业核心课程，会将学生引入一个热门的海洋定位技术领域，学生不仅能够了解海洋定位技术的对象、目的和意义，理解静态与动态、水下与水面的关系，掌握海洋定位技术的基本概念、原理和方法，学会海洋定位技术的设计、质量控制和要求，也能够将相关专业知识应用于解决复杂的海洋定位技术问题。

3. 课程目标

（1）掌握海洋定位技术的基本概念、原理和方法。能够解决复杂的海洋位置和姿态测量技术问题。

（2）能够针对复杂的海洋定位技术问题，识别和表达关键的环节或因素，分析和获取有效的结论。

（3）能够针对特定的需求，设计和开发与海洋定位技术相关的算法，并能体现创新意识和创造力。

（4）能够针对特定的要求，了解和选择恰当的 GNSS、IMU、水声等定位工具，并能理解其局限性。

（5）能够针对特定的问题，查阅文献、自主学习，理解和解决与海洋定位相关的技术或工程问题。

（6）了解和比较国内外海洋定位技术沿革，培养学生的海洋意识、家国情怀和兴学强国的使命感。

表 7.10 给出了本课程的课程目标与毕业要求的关系。

表 7.10　课程目标与毕业要求的关系

课程目标	毕业要求											
	1	2	3	4	5	6	7	8	9	10	11	12
1	●											
2		●										
3			●									
4					●							
5												●
6								●				

4. 教学内容

第 1 章　绪论

1.1　海洋定位的概念、定义、特点

1.2　海洋定位的对象、目的与方法

1.3　海洋定位的分类与要求

1.4　与相关学科的关系

第 2 章　海洋光电定位技术

2.1　引言

2.2　海洋光电定位原理

2.3　误差和要求

2.4 海洋光电定位技术

2.5 小结

第 3 章 海洋卫星定位技术

3.1 引言

3.2 海洋卫星定位原理

3.3 误差和要求

3.4 海洋卫星定位技术

3.5 小结

第 4 章 海洋声学定位技术

4.1 引言

4.2 海洋声学定位原理：

4.3 误差和要求

4.4 海洋声学定位技术

4.5 小结

第 5 章 海洋姿态测量技术

5.1 引言

5.2 海洋姿态测量原理

5.3 误差和要求

5.4 海洋姿态测量技术

5.5 小结

第 6 章 海洋定位技术实践

6.1 引言

6.2 卫星差分定位技术

6.3 惯性姿态测量技术

6.4 海洋水声定位技术

6.5 小结

5. 教学要求

（1）熟悉海洋定位技术的基本概念和技术体系，培养学生的海洋意识和家国情怀。

1.1 知识：海洋定位技术的概念、分类、特点、对象、目的、方法和要求等。

1.2　品格：了解海洋定位技术的意义和沿革，培养学生兴学强国的使命感。

（2）学会光电定位的基本概念、原理与方法，能够分析和解决海洋光电定位技术问题。

2.1　知识：掌握光电定位的基本概念、原理和方法。

2.1.1　知识点：光电定位技术的概念和特点。

2.1.2　知识点：角度、长度与位置的关系。

2.1.3　知识点：光电定位技术的分类和原理。

2.1.4　知识点：误差特性、质量控制和要求。

2.1.5　知识点：海洋光电定位的计算与评价。

2.2　能力：推导或开发海洋光电定位技术的计算和评价等相关算法。

（3）学会卫星定位的基本概念、原理与方法，能够分析和解决海洋卫星定位技术问题。

3.1　知识：掌握海洋卫星定位的基本概念、原理和方法。

3.1.1　知识点：卫星定位技术的概念和特点。

3.1.2　知识点：卫星定位技术的原理和结构。

3.1.3　知识点：卫星定位信号的误差和控制。

3.1.4　知识点：卫星定位信号的改正和计算。

3.2　能力：开发或推导海洋北斗差分定位技术的计算和评价等相关算法。

（4）学会水声定位的基本概念、原理与方法，能够分析和解决海洋声学定位技术问题。

4.1　知识：掌握海洋声学定位的基本概念、原理和方法。

4.1.1　知识点：海洋声学定位的概念和特点。

4.1.2　知识点：水声定位的原理和体系结构。

4.1.3　知识点：水声定位的误差和质量控制。

4.1.4　知识点：水声定位技术的设计和计算。

4.2　能力：开发或推导海洋声学定位技术的设计和计算等相关算法。

（5）学会姿态测量的基本概念、原理与方法，能够分析和解决海洋姿态测量技术问题。

5.1 知识：掌握海洋姿态测量的基本概念、原理、方法、工具和要求。

5.1.1 知识点：海洋姿态测量的概念和特点。

5.1.2 知识点：姿态测量的原理和体系结构。

5.1.3 知识点：惯性测量的误差和质量控制。

5.1.4 知识点：姿态测量技术的设计和计算。

5.2 能力：开发或推导海洋姿态测量技术的设计和计算等相关算法。

（6）分析和完成一个海洋定位的技术设计，培养学生的工程思维和创新意识。

6.1 能力：分析和完成海洋北斗差分或水声定位技术的设计。

6.2 思维：了解教学要求，培养学生的系统等思维和创新意识。

表 7.11 给出了本课程的教学要求与课程目标的关系。

表 7.11 教学要求与课程目标的关系

教学要求		课程目标					
		1	2	3	4	5	6
1	1.1	●					
	1.2						●
2	2.1	●				●	
	2.2		●	●			
3	3.1	●				●	
	3.2		●	●			
4	4.1	●				●	
	4.2		●	●			
5	5.1	●				●	
	5.2		●	●			
6	6.1			●	●		
	6.2		●				

6. 课程评价

课程评价是由教学要求和课程目标的评价组成的，本课程的教学要求是由

平时表现、课程考试和课程设计，同时，设置不同的标准和权重的考核方式实现的，课程目标是按照与教学要求的关系分析和评价的，可见表 7.11。

表 7.12 给出了本课程教学要求的评价与考核方式。

表 7.12　教学要求的评价与考核方式

教学要求		权重配置			比例分配（%）
		平时表现	课程考试	课程设计	
1	1.1	4	2		6
	1.2	2	4		6
2	2.1	3	8		11
	2.2		2	2	4
3	3.1	6	11	4	21
	3.2		4	2	6
4	4.1	3	8	4	15
	4.2		3	2	5
5	5.1	2	6	4	12
	5.2		2	2	4
6	6.1			2	2
	6.2			8	8
合计		20	50	30	100

7.5　海洋遥感技术

1. 基本信息

课程代码	2270035	课程名称	海洋遥感技术	英文名称	Marine Remote Sensing		
课程类别	专业核心课	课程性质	必修	学时 / 学分	40/2.5	适用专业	海洋技术
预修课程	海洋探测仪器、海洋定位技术				同修课程	海底地形测量、海洋水文观测	
授课教材	海洋遥感基础及应用，潘德炉主编，海洋出版社，2017				授课学院	海洋科学与技术学院	

2. 课程简介

本课程是海洋技术本科专业的专业核心课程，会将学生引入一个时髦的海洋遥感技术领域，学生不仅能够了解海洋遥感技术的对象、目的和意义，理解海洋探测与遥感的关系，掌握海洋遥感技术的基本概念、原理和方法，学会海洋遥感技术的设计、质量控制和要求，也能够将相关专业知识应用于解决复杂的海洋遥感技术问题。

3. 课程目标

（1）掌握海洋遥感技术的基本概念、原理和方法。能够分析和解决复杂的海洋遥感技术等问题。

（2）能够针对复杂的海洋遥感技术问题，识别和表达关键的环节或因素，分析和获取有效结论。

（3）能够针对特定的需求，设计和开发与海洋遥感技术相关的模型或算法，并能体现创新意识。

（4）能够针对特定的要求，了解和选择恰当的 ERDAS 等遥感图像分析工具，并能理解其局限性。

（5）能够针对特定的问题，查阅文献、自主学习，理解和解决与海洋遥感技术相关的探测问题。

（6）了解国内外海洋卫星遥感技术沿革，培养学生的海洋意识、家国情怀和兴学强国的使命感。

表 7.13 给出了本课程的课程目标与毕业要求的关系。

表 7.13 课程目标与毕业要求的关系

课程目标	毕业要求											
	1	2	3	4	5	6	7	8	9	10	11	12
1	●											
2		●										
3			●									
4					●							
5												●
6								●				

4. 教学内容

第 1 章　绪论

1.1　海洋遥感的概念

1.2　海洋遥感的对象、目的与方法

1.3　海洋遥感的分类与要求

1.4　海洋遥感的技术体系

1.5　与相关学科的关系

第 2 章　海洋光学遥感技术

2.1　引言

2.2　海洋光学遥感原理

2.3　海洋光学影像分析

2.4　海岸目标摄影测量

2.5　水面环境参数反演

2.6　小结

第 3 章　海洋微波遥感技术

3.1　引言

3.2　海洋微波遥感原理

3.3　海洋微波影像分析

3.4　海上移动目标探测

3.5　水面波动参数探测

3.6　小结

第 4 章　海洋卫星测高技术

4.1　引言

4.2　海洋卫星测高原理

4.3　卫星测高数据分析

4.4　大地水准面的计算

4.5　海洋水位变化监测

4.6　小结

第 5 章　海洋遥感技术实践

5.1　引言

5.2　多光谱水面温度反演

5.3　海浪微波遥感的探测

5.4　卫星测高水位的计算

5.5　小结

5. 教学要求

（1）熟悉海洋遥感技术的基本概念和技术体系，培养学生的海洋意识和家国情怀。

1.1　知识：海洋遥感技术的定义、特点、对象、目的、方法、技术体系和要求等。

1.2　品格：了解海洋遥感技术的意义和技术沿革，培养学生的兴学强国的使命感。

（2）学会海洋光学遥感的基本概念、原理和方法，能够分析和解决海洋光学遥感技术问题。

2.1　知识：掌握海洋光学遥感的基本概念、原理和方法。

2.1.1　知识点：海洋光学遥感的定义与特点。

2.1.2　知识点：多光谱成像的原理和结构。

2.1.3　知识点：海洋环境光谱的影像特征。

2.1.4　知识点：海岸目标影像的空间结构。

2.1.5　知识点：海洋影像分析和参数反演。

2.2　能力：开发或推导多光谱影像数据的分析、变换和表示等相关算法。

（3）学会海洋微波遥感的基本概念、原理与方法，能够分析和解决海洋微波遥感技术问题。

3.1　知识：掌握海洋微波遥感的基本概念、原理、方法和要求。

3.1.1　知识点：海洋微波遥感的定义与特点。

3.1.2　知识点：海洋微波成像的原理和结构。

3.1.3　知识点：海洋环境的微波和影像特性。

3.1.4　知识点：海洋微波影像的分析和变换。

3.1.5　知识点：海洋环境参数的分类和表示。

3.2　能力：开发或推导海洋微波影像数据的分析、探测和表示等相关算法。

（4）学会海洋卫星测高的基本概念、原理与方法，能够分析和解决海洋卫星测高技术问题。

4.1　知识：掌握海洋卫星测高的基本概念、原理、方法和要求。

4.1.1　知识点：海洋卫星测高的定义和特点。

4.1.2　知识点：卫星高度计的原理和结构。

4.1.3　知识点：卫星测高数据的表示和归算。

4.1.4　知识点：海洋水位变化的监测和预报。

4.1.5　知识点：大地水准面和平均海面计算。

4.2　能力：开发或推导海洋卫星测高数据的分析、计算和预测等相关算法。

（5）分析和完成海洋遥感技术设计，培养学生的工程思维和创新意识。

5.1　能力：分析和完成温度、海浪或水位等海洋遥感技术设计。

5.2　思维：了解教学要求，培养学生的多学科交叉等思维和创新意识。

表 7.14 给出了本课程的教学要求与课程目标的关系。

表 7.14　教学要求与课程目标的关系

教学要求		课程目标					
		1	2	3	4	5	6
1	1.1	●					
	1.2						●
2	2.1	●				●	
	2.2		●	●			
3	3.1	●				●	
	3.2		●	●			
4	4.1	●				●	
	4.2		●	●			
5	5.1			●	●		
	5.2		●				

6. 课程评价

课程评价是由教学要求和课程目标的评价组成的，本课程的教学要求是由平时表现、课程考试和课程设计，同时，设置不同的标准和权重的考核方式实现的，课程目标是按照与教学要求的关系分析和评价的，可见表 7.14。

表 7.15 给出了本课程教学要求的评价与考核方式。

表 7.15　教学要求的评价与考核方式

教学要求		权重配置			比例分配（%）
		平时表现	课程考试	课程设计	
1	1.1	4	2		6
	1.2	2	4	2	8
2	2.1	6	6	4	16
	2.2		3	2	5
3	3.1	4	11	4	19
	3.2		6	2	8
4	4.1	4	14	4	22
	4.2		4	2	6
5	5.1			2	2
	5.2			8	8
合计		20	50	30	100

7.6　海岸地形测量

1. 基本信息

<table>
<tr><td>课程代码</td><td>2270008</td><td>课程名称</td><td>海岸地形测量</td><td>英文名称</td><td colspan="3">Coastal Topographic Survey</td></tr>
<tr><td>课程类别</td><td>专业核心课</td><td>课程性质</td><td>必修</td><td>学时 / 学分</td><td>32/2</td><td>适用专业</td><td>海洋技术</td></tr>
<tr><td>预修课程</td><td colspan="4">海洋大地测量、海洋定位技术</td><td>同修课程</td><td colspan="2">海底地形测量、海洋水文观测</td></tr>
<tr><td>参考教材</td><td colspan="4">摄影测量与遥感概论，李德仁等著，测绘出版社，2008</td><td>授课学院</td><td colspan="2">海洋科学与技术学院</td></tr>
</table>

2. 课程简介

本课程是海洋技术本科专业的专业核心课程，会将学生引入一个神奇的海岸世界，学生不仅能够了解海岸地形测量的对象、目的和意义，理解陆地与海洋的关系，掌握海岸地形测量的基本概念、原理和方法，学会海岸地形测量的设计、质量控制和要求，也能够将相关专业知识应用于解决复杂的海岸地形测量技术问题。

3. 课程目标

（1）掌握海岸地形测量技术的基本概念、原理和方法。能够分析和解决复杂的海岸地形测量技术问题。

（2）能够针对复杂的海岸地形测量技术问题，识别和表达关键的环节或因素，分析和获取有效的结论。

（3）能够针对特定的需求，设计和开发海岸地形测量的相关项目或算法，并能体现创新意识和创造力。

（4）能够针对特定的工程，了解和选择恰当的全站仪、平板仪、摄影测量等工具，并能理解其局限性。

（5）能够针对特定的问题，查阅文献、自主学习，理解和解决与海岸地形测量工程相关的技术等问题。

（6）了解和比较国内外海岸地形测量技术沿革，培养学生的海洋意识、家国情怀和兴学强国的使命感。

表 7.16 给出了本课程的课程目标与毕业要求的关系。

表 7.16　课程目标与毕业要求的关系

课程目标	毕业要求											
	1	2	3	4	5	6	7	8	9	10	11	12
1	●											
2		●										
3			●									
4					●							
5												●
6								●				

4. 教学内容

第 1 章　绪论

1.1　海岸地形测量的概念

1.2　海岸地形测量的对象、目的与方法

1.3　海岸地形测量的分类和要求

1.4　海岸地形测量的技术体系

1.5　与相关学科的关系

第 2 章　海岸地形测图

2.1　引言

2.2　海岸地形测图原理

2.3　误差与质量控制

2.4　海岸地形要素测绘

2.5　小结

第 3 章　海岸摄影测量

3.1　引言

3.2　海岸摄影测量原理

3.3　误差与质量控制

3.4　海岸摄影测量技术

3.5　小结

第 4 章　海岸激光探测

4.1　引言

4.2　海岸激光探测原理

4.3　误差与质量控制

4.4　机载激光点云归算

4.5　小结

第 5 章　海岸地形测量实践

5.1　引言

5.2　技术设计

5.3　外业测量

5.4　数据整理

5.5 质量评价

5.6 小结

5. 教学要求

（1）熟悉海岸地形测量的基本概念和技术体系，培养学生的海洋意识和家国情怀。

1.1 知识：海岸地形测量的定义、特点、对象、目的、方法、技术体系和要求等。

1.2 品格：了解海岸地形测量的意义和技术沿革，培养学生的兴学强国的使命感。

（2）学会海岸地形测图的基本概念、原理与方法，能够分析和解决海岸地形测图技术问题。

2.1 知识：掌握海岸地形测图的基本概念、原理与方法。

2.1.1 知识点：海岸地形测图的定义与特点。

2.1.2 知识点：海岸地形的测图原理和要求。

2.1.3 知识点：海岸地形要素的分类和表示。

2.1.4 知识点：海岸要素的测绘和质量控制。

2.1.5 知识点：海岸地形测图的计算与表示。

2.2 能力：理解海岸要素与特征点的关系，开发或推导岸线识别、误差分析等相关算法。

（3）学会海岸摄影测量的基本概念、原理与方法，能够分析和解决海岸摄影影像技术问题。

3.1 知识：掌握海岸摄影测量的基本概念、原理与方法。

3.1.1 知识点：海岸摄影测量的定义和特点。

3.1.2 知识点：立体视觉、海岸影像特征。

3.1.3 知识点：海岸摄影测量的质量控制。

3.1.4 知识点：空中三角测量和微分纠正。

3.1.5 知识点：数字高程模型和正射影像。

3.1.6 知识点：海岸地形要素的立体测图。

3.2 能力：理解海岸要素与影像的关系，开发或推导摄影测量、影像分析等相关算法。

（4）学会海岸激光探测的基本概念、原理与方法，能够分析和解决海岸激光测量技术问题。

4.1　知识：掌握下列海岸激光探测的概念、原理和方法。

4.1.1　知识点：海岸激光探测的定义和特点。

4.1.2　知识点：海岸激光点云的空间结构。

4.1.3　知识点：海岸激光探测的质量控制。

4.1.4　知识点：海岸激光点云的归算与表示。

4.2　能力：理解点云与海岸要素的关系，开发或推导激光点云的滤波、归算等相关算法。

（5）分析和完成海岸地形测量的技术设计，培养学生的工程思维和创新意识。

5.1　能力：分析和完成大比例尺的海岸摄影测量技术设计。

5.2　思维：了解教学要求，培养学生的系统等思维和创新意识。

表 7.17 给出了本课程的教学要求与课程目标的关系。

表 7.17　教学要求与课程目标的关系

教学要求		课程目标					
		1	2	3	4	5	6
1	1.1	●					
	1.2						●
2	2.1	●				●	
	2.2		●	●			
3	3.1	●				●	
	3.2		●	●			
4	4.1	●				●	
	4.2		●	●			
5	5.1			●	●		
	5.2		●				

6. 课程评价

课程评价是由教学要求和课程目标的评价组成的，本课程的教学要求是由平时表现、课程考试和课程设计，同时，设置不同的标准和权重的考核方式实现的，课程目标是按照与教学要求的关系分析和评价的，可见表 7.17。

表 7.18 给出了本课程教学要求的评价与考核方式。

表 7.18　教学要求的评价与考核方式

教学要求		权重配置			比例分配（%）
		平时表现	课程考试	课程设计	
1	1.1	4	2		6
	1.2	2	4	2	8
2	2.1	6	6	4	16
	2.2		3	2	5
3	3.1	4	11	4	19
	3.2		6	2	8
4	4.1	4	14	4	22
	4.2		4	2	6
5	5.1			2	2
	5.2			8	8
合计		20	50	30	100

7.7　海底地形测量

1. 基本信息

课程代码	2270009	课程名称	海底地形测量	英文名称	Submarine Topographic Survey		
课程类别	专业核心课	课程性质	必修	学时 / 学分	32/2	适用专业	海洋技术
预修课程	海洋探测仪器、海洋定位技术				同修课程	海岸地形测量、海洋水文观测	
参考教材	多波束勘测原理技术与方法，李家彪等著，海洋出版社，1999				授课学院	海洋科学与技术学院	

2. 课程简介

本课程是海洋技术本科专业的专业核心课程，会将学生引入一个神秘的海底世界，学生不仅能够了解海底地形测量的对象、目的和意义，理解海底与海水的关系，掌握海底地形测量的基本概念、原理和方法，学会海底地形测量的设计、质量控制和要求，也能够将相关科学原理和专业知识应用于解决复杂的海底地形测量技术问题。

3. 课程目标

（1）掌握海底地形测量技术的基本概念、原理和方法。能够解决复杂的海底地形测量技术或工程问题。

（2）能够针对复杂的海底地形测量技术问题，识别和表达关键的环节或因素，分析和获取有效的结论。

（3）能够针对特定的要求，设计和开发海底地形测量的相关项目或算法，并能体现创新意识和创造力。

（4）能够针对特定的工程，了解和选择恰当的多波束、GNSS、声剖仪等测量工具，并能理解其局限性。

（5）能够针对特定的问题，查阅文献、自主学习、理解和解决与海底地形测量工程相关的技术等问题。

（6）了解和比较国内外海底地形测量技术沿革，培养学生的海洋意识、家国情怀和兴学强国的使命感。

表 7.19 给出了本课程的课程目标与毕业要求的关系。

表 7.19　课程目标与毕业要求的关系

课程目标	毕业要求											
	1	2	3	4	5	6	7	8	9	10	11	12
1	●											
2		●										
3			●									
4					●							
5												●
6								●				

4. 教学内容

第 1 章　绪论

1.1　海底地形测量概念

1.2　海底地形测量的对象、目的与方法

1.3　海底地形测量的分类和要求

1.4　海底地形测量的技术体系

1.5　与相关学科的关系

第 2 章　海底地貌测量

2.1　引言

2.2　单波束水深测量

2.3　多波束水深测量

2.4　机载激光水深测量

2.5　小结

第 3 章　海底地物探测

3.1　引言

3.2　水深加密测量

3.3　侧扫声呐探测

3.4　海洋磁力探测

3.5　小结

第 4 章　海底底质探测

4.1　引言

4.2　海底底质采样

4.3　浅地层剖面测量

4.4　多波束底质反演

4.5　小结

第 5 章　海底地形测量实践

5.1　引言

5.2　技术设计

5.3　外业海洋测量

5.4　数据质量控制和评价

5.5 小结

5. 教学要求

（1）熟悉海底地形测量的基本概念和技术体系，培养学生的海洋意识和家国情怀。

1.1 知识：海底地形测量的定义、特点、对象、目的、方法、技术体系和要求等。

1.2 品格：了解海底地形测量的意义和技术沿革，培养学生的兴学强国的使命感。

（2）学会海底地貌测量的主要概念、原理与方法，能够分析和解决水深测量技术问题。

2.1 知识：掌握海底地貌测量的概念、原理和方法。

2.1.1 知识点：海底地貌测量的对象、定义和特点。

2.1.2 知识点：海底地貌测量的分类、工序和要求。

2.1.3 知识点：水深测量的声学特性和空间结构。

2.1.4 知识点：水深测量的测深原理和质量控制。

2.1.5 知识点：水深测量数据的归算、评价和表示。

2.1.6 知识点：多波束测深仪的结构、安装与标校。

2.2 能力：开发或推导水深测量的声线跟踪、水位改正、质量评价等相关算法。

（3）学会海底地物探测的主要概念、原理与方法，能够分析和解决海底地物探测技术问题。

3.1 知识：掌握海底地物探测的基本概念、原理与方法。

3.1.1 知识点：海底地物探测的对象、定义和特点。

3.1.2 知识点：海底地物探测的分类、工序和要求。

3.1.3 知识点：海底地物的影像特征和地磁特性。

3.1.4 知识点：海底地物的探测原理和质量控制。

3.1.5 知识点：水声影像与地磁数据的分析、识别和表示。

3.1.6 知识点：侧扫声呐仪器的结构、安装与标校。

3.2 能力：开发或推导磁力数据、声图影像的分析、识别和表示等相关算法。

（4）学会海底底质探测的基本概念、原理与方法，能够分析和解决海底底质探测技术问题。

4.1　知识：掌握海底底质探测的基本概念、原理与方法。

4.1.1　知识点：海底底质探测的对象、定义和特点。

4.1.2　知识点：海底底质探测的分类、工序和要求。

4.1.3　知识点：海底底质的声学特性和空间分布。

4.1.4　知识点：海底底质的探测原理和质量控制。

4.1.5　知识点：样品测试和探测数据的分析与表示。

4.1.6　知识点：浅地层剖面仪的结构、安装与标校。

4.2　能力：开发或推导浅地层剖面数据划分、多波束底质反演等相关算法。

（5）分析和完成海底地形测量的技术设计，培养学生的工程思维和创新意识。

5.1　能力：分析和完成一个大比例尺的水深测量技术设计。

5.2　思维：了解教学要求，培养学生的设计等思维和创新意识。

表 7.20 给出了本课程的教学要求与课程目标的关系。

表 7.20　教学要求与课程目标的关系

教学要求		课程目标					
		1	2	3	4	5	6
1	1.1	●					
	1.2						●
2	2.1	●				●	
	2.2		●	●			
3	3.1	●				●	
	3.2		●	●			
4	4.1	●				●	
	4.2		●	●			
5	5.1			●	●		
	5.2		●				

6. 课程评价

课程评价是由教学要求和课程目标的评价组成的，本课程的教学要求是由平时表现、课程考试和课程设计，同时，设置不同的标准和权重的考核方式实现的，课程目标是按照与教学要求的关系分析和评价的，可见表 7.20。

表 7.21 给出了本课程教学要求的评价与考核方式。

表 7.21　教学要求的评价与考核方式

教学要求		权重配置			比例分配（%）
		平时表现	课程考试	课程设计	
1	1.1	4	2		6
	1.2	2	4	2	8
2	2.1	6	6	4	16
	2.2		3	2	5
3	3.1	4	11	4	19
	3.2		6	2	8
4	4.1	4	14	4	22
	4.2		4	2	6
5	5.1			2	2
	5.2			8	8
合计		20	50	30	100

7.8　海洋水文观测

1. 课程基本信息

课程代码	2270010	课程名称	海洋水文观测	英文名称	Marine Hydrological Observation		
课程类别	专业核心课	课程性质	必修	学时 / 学分	32/2	适用专业	海洋技术
预修课程	海洋探测平台、海洋探测仪器				同修课程	海底地形测量、海岸地形测量	
参考教材	海洋调查方法导论，侍茂崇等编著，中国海洋大学出版社，2008				授课学院	海洋科学与技术学院	

2. 课程简介

本课程是海洋技术本科专业的专业核心课程，会将学生引入一个波涛汹涌的海洋世界，学生不仅能够了解海洋水文观测的对象、目的和意义，理解海底与海水的关系，掌握海洋水文观测的基本概念、原理和方法，学会海洋水文测量的设计、质量控制和要求，也能够将相关专业知识应用于解决复杂的海洋水文观测技术问题。

3. 课程目标

（1）掌握海洋水文观测技术的基本概念、原理和方法。能够分析和解决复杂的海洋水文观测技术问题。

（2）能够针对复杂的海洋水文观测技术问题，识别和表达关键的环节或因素，分析和获取有效的结论。

（3）能够针对特定的需求，设计和开发海洋水文观测的相关项目或算法，并能体现创新意识和创造力。

（4）能够针对特定的要求，了解和选择恰当的 CTD、ADCP、水位计等仪器和工具，并能理解其局限性。

（5）能够针对特定的问题，查阅文献、自主学习，理解和解决与海洋水文观测相关的技术或工程问题。

（6）了解和比较国内外海洋水文观测技术沿革，培养学生的海洋意识、家国情怀和兴学强国的使命感。

表 7.22 给出了本课程的课程目标与毕业要求的关系。

表 7.22　课程目标与毕业要求的关系

课程目标	毕业要求											
	1	2	3	4	5	6	7	8	9	10	11	12
1	●											
2		●										
3			●									
4					●							
5												●
6								●				

4. 教学内容

第 1 章　绪论

1.1　海洋水文观测的概念

1.2　海洋水文观测的对象、目的与方法

1.3　海洋水文观测的技术体系

1.4　与相关学科的关系

第 2 章　海洋潮汐观测

2.1　引言

2.2　海洋潮汐观测原理：

2.3　质量控制和要求

2.4　潮汐调和分析与预报

2.5　深度基准传递与计算

2.6　小结

第 3 章　海流与潮流观测

3.1　引言

3.2　海流观测的原理

3.3　误差与质量控制

3.4　潮流调和分析与预报

3.5　海流数据计算与表示

3.6　小结

第 4 章　海浪和内波观测

4.1　引言

4.2　海浪和内波观测原理

4.3　质量控制和要求

4.4　海浪数据分析和预测

4.5　内波数据分析和表示

4.6　小结

第 5 章　温度和盐度观测

5.1　引言

5.2　温度和盐度观测原理

5.3　误差与质量控制

5.4　温度数据分析和表示

5.5　盐度数据分析和表示

5.6　小结

第 6 章　海洋水文观测实践

6.1　引言

6.2　技术设计

6.3　质量控制

6.4　数据分析和计算

6.5　小结

5. 教学要求

（1）熟悉海洋水文观测的基本概念和技术体系，培养学生的海洋意识和家国情怀。

1.1　知识：海洋水文观测的定义、特点、对象、目的、方法、技术体系和要求等。

1.2　品格：了解海洋水文观测的意义和技术沿革，培养学生的兴学强国的使命感。

（2）学会海洋潮汐观测的基本概念、原理与方法，能够分析和解决海洋潮汐观测技术问题。

2.1　知识：掌握海洋潮汐观测的基本概念、原理和方法。

2.1.1　知识点：海洋潮汐观测的定义和特点。

2.1.2　知识点：潮汐观测站址的设置和评价。

2.1.3　知识点：潮汐观测的质量控制和要求。

2.1.4　知识点：潮汐数据的调和分析与预报。

2.1.5　知识点：海洋垂直基准面联测与传递。

2.1.6　知识点：平均海面和深度基准的计算。

2.2　能力：开发或推导海洋潮汐观测的设计、分析和计算等相关算法。

（3）学会海流和潮流观测的主要概念、原理与方法，能够分析和解决海流和潮流观测技术问题。

3.1　知识：掌握海流和潮流观测的基本概念、原理和方法。

3.1.1　知识点：海流和潮流观测的定义和特点。

3.1.2　知识点：海流和潮流观测站址的设置。

3.1.3　知识点：海流和潮流观测的质量控制。

3.1.4　知识点：潮流观测数据的分析和预报。

3.1.5　知识点：海流观测数据的分析和表示。

3.2　能力：开发或推导潮流和海流观测的设计、分析和计算等相关算法。

（4）学会海浪和内波观测的主要概念、原理与方法，能够分析和解决海浪和内波观测技术问题。

4.1　知识：掌握海底底质探测的基本概念、原理和方法。

4.1.1　知识点：海浪和内波观测的定义和特点。

4.1.2　知识点：海浪和内波观测站址的设置。

4.1.3　知识点：海浪和内波观测的质量控制。

4.1.4　知识点：海浪观测数据的分析和预测。

4.1.5　知识点：内波观测数据的分析和表示。

4.2　能力：开发或推导海浪和内波观测的设计、分析和计算等相关算法。

（5）学会温度和盐度观测的主要概念、原理与方法，能够分析和解决温度和盐度观测技术问题。

5.1　知识：掌握温度和盐度观测的基本概念、原理和方法。

5.1.1　知识点：温度和盐度观测的定义和特点。

5.1.2　知识点：温度和盐度观测的技术设计。

5.1.3　知识点：温度和盐度观测的质量控制。

5.1.4　知识点：温度观测数据的分析和表示。

5.1.5　知识点：盐度观测数据的分析和表示。

5.2　能力：开发或推导海浪和内波观测的设计、分析和计算等相关算法。

（6）分析和完成海洋水文观测技术设计，培养学生的工程思维和创新意识。

6.1　能力：分析和完成一个温度、盐度或水位观测技术设计。

6.2　思维：了解教学要求，培养学生的设计等思维和创新意识。

表 7.23 给出了本课程的教学要求与课程目标的关系。

表 7.23　教学要求与课程目标的关系

教学要求		课程目标					
		1	2	3	4	5	6
1	1.1	●					
	1.2						●
2	2.1	●				●	
	2.2		●	●			
3	3.1	●				●	
	3.2		●	●			
4	4.1	●				●	
	4.2		●	●			
5	5.1	●				●	
	5.2		●	●			
6	6.1			●	●		
	6.2		●				

6. 课程评价

课程评价是由教学要求和课程目标的评价组成的，本课程的教学要求是由平时表现、课程考试和课程设计，同时，设置不同的标准和权重的考核方式实现的，课程目标是按照与教学要求的关系分析和评价的，可见表 7.23。

表 7.24 给出了本课程教学要求的评价与考核方式。

表 7.24　教学要求的评价与考核方式

教学要求		权重配置			比例分配（%）
		平时表现	课程考试	课程设计	
1	1.1	4	2		6
	1.2	2	6		8
2	2.1	4	12	2	18
	2.2		2	2	4

续表

教学要求		权重配置			比例分配（%）
		平时表现	课程考试	课程设计	
3	3.1	3	7	3	13
	3.2		2	2	4
4	4.1	3	7	3	13
	4.2		2	2	4
5	5.1	4	8	4	16
	5.2		2	2	4
6	6.1			2	2
	6.2			8	8
合计		20	50	30	100

7.9 海洋制图学

1. 基本信息

课程代码	2270012	课程名称	海洋制图学	英文名称	Marine Cartography		
课程类别	专业核心课	课程性质	必修	学时 / 学分	32/2	适用专业	海洋技术
预修课程	海岸地形测量、海底地形测量、海洋水文观测				同修课程	海洋地理信息工程	
参考教材	海图学概论，楼锡淳、朱鉴秋编著，测绘出版社，1993				授课学院	海洋科学与技术学院	

2. 课程简介

本课程是海洋技术本科专业的专业核心课程，会将学生引入一个古老的海图世界，学生不仅能够了解海洋制图学的对象、目的和意义，理解一维空间与多维空间的关系，掌握海洋制图学的基本概念、原理和方法，学会海洋制图的设计、质量控制和要求，也能够将相关专业知识应用于解决复杂的海洋制图技术或工程问题。

3. 课程目标

（1）掌握海洋制图学的基本概念、原理和方法。能够分析和解决复杂的海洋制图技术问题。

（2）能够针对复杂的海洋制图问题，识别和表达关键的环节或因素，分析和获取有效结论。

（3）能够针对特定的问题，设计和开发海洋制图的相关模型或算法，并能够体现创新意识。

（4）能够针对特定的要求，了解和选择恰当的海图制图的数据和工具，并能理解其局限性。

（5）能够针对特定的需求，查阅文献、自主学习，理解和解决与海洋制图技术相关的问题。

（6）了解国内外电子海图等技术的沿革，激发和培养学生的家国情怀和兴学强国的使命感。

表 7.25 给出了本课程的课程目标与毕业要求的关系。

表 7.25　课程目标与毕业要求的关系

课程目标	毕业要求											
	1	2	3	4	5	6	7	8	9	10	11	12
1	●											
2		●										
3			●									
4					●							
5												●
6								●				

4. 教学内容

第 1 章　绪论

1.1　海洋制图的概念

1.2　海洋制图的对象、目的和方法

1.3　海洋制图的分类与要求

1.4　海洋制图的技术体系

1.5　本书的组织结构

第 2 章　海图数学基础

2.1　引言

2.2　海洋大地参照系

2.3　比例尺和投影

2.4　海图分幅和编号

2.5　小结

第 3 章　海图数据表示

3.1　引言

3.2　海图要素的表示

3.3　海图的数据模型

3.4　海图的图式表达

3.5　小结

第 4 章　海图制图综合

4.1　引言

4.2　海图综合的本质

4.3　海图要素的综合

4.4　海图的综合模型

4.5　小结

第 5 章　海图制图实践

5.1　引言

5.2　海图设计

5.3　海图数据的编绘

5.4　海图质量的评价

5.5　小结

5. 教学要求

（1）熟悉海洋制图的基本概念和技术体系，培养学生的海洋意识和家国情怀。

1.1　品格：了解海洋制图的意义和技术沿革，培养学生的兴学强国的使命感。

1.2　知识：海洋制图学的定义、特点、对象、目的、方法、要求和技术体系等。

（2）学会海图数学要素的基本概念、原理与方法，能够分析和解决海图的数学基础问题。

2.1　知识：掌握海图数学要素的基本概念、原理和方法。

2.1.1　知识点：海图数学要素的定义和特点。

2.1.2　知识点：海图水平和垂直基准。

2.1.3　知识点：图幅、编号和比例尺。

2.1.4　知识点：海图的投影和参数计算。

2.2　能力：开发或推导海图数学要素的分析、设计和计算等相关算法。

（3）学会海图数据表示的基本概念、原理与方法，能够分析和解决海图的数据表示问题。

3.1　知识：掌握海图数据表示的基本概念、原理和方法。

3.1.1　知识点：海图数据表示的定义和特点。

3.1.2　知识点：海图要素表示和数据模型。

3.1.3　知识点：海图图式和海图符号设计。

3.1.4　知识点：海图显示和可视化技术。

3.2　能力：开发或推导海图要素和数据的表示、符号和模型等相关算法。

（4）学会海图制图综合的基本概念、原理与方法，能够分析和解决海图的制图综合问题。

4.1　知识：掌握海图制图综合的概念、原理和方法。

4.1.1　知识点：海图制图综合的定义和特点。

4.1.2　知识点：海图制图综合的本质和方法。

4.1.3　知识点：海图要素综合的原则和要求。

4.1.4　知识点：海图制图综合的模型和算法。

4.2　能力：开发或推导海图制图数据的识别、量测、综合等相关算法。

（5）分析和完成海洋制图技术设计，培养学生的工程思维和创新意识。

5.1　能力：分析和完成一幅大比例尺海图的制图设计。

5.2　思维：了解教学要求，培养学生的设计等思维和创新意识。

表 7.26 给出了本课程的教学要求与课程目标的关系。

表 7.26　教学要求与课程目标的关系

教学要求		课程目标					
		1	2	3	4	5	6
1	1.1	●					
	1.2						●
2	2.1	●				●	
	2.2		●	●			
3	3.1	●				●	
	3.2		●	●			
4	4.1	●				●	
	4.2		●	●			
5	5.1			●	●		
	5.2		●				

6. 课程评价

课程评价是由教学要求和课程目标的评价组成的，本课程的教学要求是由平时表现、课程考试和课程设计，同时，设置不同的标准和权重的考核方式实现的，课程目标是按照与教学要求的关系分析和评价的，可见表 7.26。

表 7.27 给出了本课程教学要求的评价与考核方式。

表 7.27　教学要求的评价与考核方式

教学要求		权重配置			比例分配（%）
		平时表现	课程考试	课程设计	
1	1.1	4	2		6
	1.2	2	4	2	8
2	2.1	6	6	4	16
	2.2		3	2	5

续表

教学要求		权重配置			比例分配（%）
		平时表现	课程考试	课程设计	
3	3.1	4	11	4	19
	3.2		6	2	8
4	4.1	4	14	4	22
	4.2		4	2	6
5	5.1			2	2
	5.2			8	8
合计		20	50	30	100

7.10　海洋地理信息工程

1. 基本信息

课程代码	2270009	课程名称	海洋地理信息工程	英文名称	Marine GIS Engineering		
课程类别	专业核心课	课程性质	必修	学时 / 学分	32/2	适用专业	海洋技术
预修课程	海岸地形测量、海底地形测量、海洋水文观测			同修课程	海洋制图学		
参考教材	地理信息系统与科学，Paul A.Longley 等著，机械工业出版社，2007			授课学院	海洋科学与技术学院		

2. 课程简介

本课程是海洋技术本科专业的专业核心课程，会将学生引入一个虚拟的海洋世界，学生不仅能够了解海洋地理信息工程的对象、目的和意义，理解数据、信息、知识与智慧的关系，掌握海洋地理信息工程的基本概念、原理和方法，也能够将相关专业知识应用于解决复杂的海洋地理信息技术问题。

3. 课程目标

（1）掌握海洋地理信息工程的基本概念、原理和方法。能够分析和解决复杂的海洋地理信息技术问题。

（2）能够针对复杂的海洋地理信息工程问题，识别和表达关键的环节或因素，分析和获取有效的结论。

（3）能够针对特定的问题，设计和开发与海洋地理信息技术相关的算法，并能体现创新意识和创造力。

（4）能够针对特定的要求，了解和选择恰当的数据库、ArcGIS 等相关的信息工具，并能理解其局限性。

（5）能够针对特定的需求，查阅文献、自主学习、理解和解决与海洋地理信息技术或工程相关的问题

（6）了解国内外海洋地理信息工程相关技术的沿革，激发和培养学生的家国情怀和兴学强国的使命感。

表 7.28 给出了本课程的课程目标与毕业要求的关系。

表 7.28　课程目标与毕业要求的关系

课程目标	毕业要求											
	1	2	3	4	5	6	7	8	9	10	11	12
1	●											
2		●										
3			●									
4					●							
5												●
6								●				

4. 教学内容

第 1 章　绪论

1.1　海洋地理信息工程的概念

1.2　海洋地理信息工程的对象、目的与方法

1.3　海洋地理信息工程的体系结构

1.4　与相关学科的关系

1.5　小结

第 2 章　海洋地理信息表示

2.1　引言

2.2　海洋地理数据模型
2.3　海洋地理数据性质
2.4　海洋地理数据管理
2.5　小结
第 3 章　海洋地理信息分析
3.1　引言
3.2　海洋地理空间分析
3.3　海洋地理关系分析
3.4　海洋地理统计分析
3.5　小结
第 4 章　海洋地理信息可视化
4.1　引言
4.2　电子海图数据显示
4.3　海洋地理环境仿真
4.4　海洋环境虚拟现实
4.5　小结
第 5 章　海洋地理信息评价
5.1　引言
5.2　海洋地理数据质量元素
5.3　海洋地理数据质量评价
5.4　海洋地理数据质量表示
5.5　小结
第 6 章　海洋地理信息工程实践
6.1　引言
6.2　工程设计
6.3　船载电子海图
6.4　数字海洋工程
6.5　小结

5. 教学要求

（1）熟悉海洋地理信息工程的基本概念和技术体系，培养学生的海洋意识和家国情怀。

1.1　知识：海洋地理信息工程的定义、特点、对象、目的、方法、要求和技术体系。

1.2　品格：了解国内外海洋地理信息技术的沿革，培养学生的海洋意识和家国情怀。

（2）学会海洋地理信息表示的基本概念、原理与方法，能够分析和解决海洋地理信息表示问题。

2.1　知识：掌握海洋地理信息表示的基本概念、原理和方法。

2.1.1　知识点：海洋地理要素的分类和表示。

2.1.2　知识点：海洋地理数据的模型和结构。

2.1.3　知识点：海洋地理数据的定义和特性。

2.1.4　知识点：海洋地理数据的存储和管理。

2.2　能力：开发或推导海洋地理数据的表示、存储、管理等相关算法。

（3）学会海洋地理信息分析的基本概念、原理与方法，能够分析和解决海洋地理信息分析问题。

3.1　知识：掌握海洋地理信息分析的基本概念、原理和方法。

3.1.1　知识点：空间特征的量测和分析。

3.1.2　知识点：关系特征的表示和分析。

3.1.3　知识点：统计特征的计算和分析。

3.2　能力：开发或推导海洋地理数据的空间、关系、统计等分析算法。

（4）学会海洋地理信息可视化的基本概念、原理与方法，能够分析和解决海洋地理信息可视化问题。

4.1　知识：掌握海洋地理信息可视化的基本概念、原理和方法。

4.1.1　知识点：海洋地理数据可视化模式。

4.1.2　知识点：电子海图显示标准和算法。

4.1.3　知识点：海洋环境仿真原理和方法。

4.1.4　知识点：虚拟现实基本概念和特点。

4.2　能力：开发或推导电子海图可视化、海洋地理环境仿真等相关算法。

（5）学会海洋地理信息评价的基本概念、原理与方法，能够分析和解决海洋地理信息质量评价问题。

5.1　知识：掌握海洋地理信息评价的基本概念、原理和方法。

5.1.1　知识点：质量元素的概念和特点。

5.1.2　知识点：质量评价的标准和程序。

5.1.3　知识点：质量评价的模型和算法。

5.1.4　知识点：数据质量的表示和评价。

5.2　能力：开发或推导海洋地理数据质量元素的表示和计算等相关算法。

（6）分析和完成海洋地理信息工程技术设计，培养学生的工程思维和创新意识。

6.1　能力：完成一个电子海图或数字海洋等工程的技术设计。

6.2　思维：了解教学要求，培养学生的系统等思维和创新意识。

表 7.29 给出了本课程的教学要求与课程目标的关系。

表 7.29　教学要求与课程目标的关系

教学要求		课程目标					
		1	2	3	4	5	6
1	1.1	●					
	1.2						●
2	2.1	●				●	
	2.2		●	●			
3	3.1	●				●	
	3.2		●	●			
4	4.1	●				●	
	4.2		●	●			
5	5.1	●				●	
	5.2		●	●			
6	6.1			●	●		
	6.2		●				

6. 课程评价

课程评价是由教学要求和课程目标的评价组成的，本课程的教学要求是由

平时表现、课程考试和课程设计，同时，设置不同的标准和权重的考核方式实现的，课程目标是按照与教学要求的关系分析和评价的，可见表 7.29。

表 7.30 给出了本课程教学要求的评价与考核方式。

表 7.30　教学要求的评价与考核方式

教学要求		权重配置			比例分配（%）
		平时表现	课程考试	课程设计	
1	1.1	4	2		6
	1.2	2	4		6
2	2.1	4	10	2	16
	2.2		4	2	6
3	3.1	3	5	3	11
	3.2		4	2	6
4	4.1	3	5	3	11
	4.2		4	2	6
5	5.1	4	8	4	16
	5.2		4	2	6
6	6.1			2	2
	6.2			8	8
合计		20	50	30	100

第 8 章　海洋技术实践教学课程教学大纲

8.1　海洋技术专业探索

1. 基本信息

课程代码	2070110	课程名称	海洋技术专业探索	英文名称	Practice of Ocean Measurement		
课程类别	实践教学	课程性质	必修	学时 / 学分	8/0.5	适用专业	海洋技术
预修课程	无				同修课程	入学教育	
参考教材	海洋技术专业探索教程，张安民、薛斌等编著，内部教材，2019				授课学院	海洋科学与技术学院	

2. 课程简介

本课程是一门海洋技术本科专业的实践教学课程，是学生入学教育的一个重要环节，学生不仅能够大致了解海洋技术的内容、特点和现状，理解和认知海洋技术的意义和前景，引导学生的家国情怀和学习海洋的兴趣，也能够理解自主学习的重要性，培养学生终身学习的意识。

3. 课程目标

（1）了解本课程的目的和要求，理解自主学习与课堂教学的关系，培养学生的终身学习的意识。

（2）了解海洋探测技术与数据的关系，探索海洋技术的内涵和特点，培养学生学习海洋的兴趣。

（3）了解海洋技术与人类社会的关系，认知海洋技术的意义和现状，培养学生海洋强国的激情。

表 8.1 给出了本课程的课程目标与毕业要求的关系。

表 8.1 课程目标与毕业要求的关系

课程目标	毕业要求											
	1	2	3	4	5	6	7	8	9	10	11	12
1												●
2								●				
3								●				

4. 教学内容

第 1 章　绪论

1.1　目标

1.2　任务和要求

1.3　教学方式

第 2 章　海洋环境认知

2.1　沿岸考察

2.2　海洋影视鉴赏

第 3 章　海洋探测认知

3.1　无人船操控

3.2　无人机摄影

3.3　温度传感器设计

第 4 章　海洋数据认知

4.1　海图识图

4.2　电子海图

4.3　影像调绘

第 5 章　总结汇报

5.1　学习体会

5.2　研讨汇报

5. 教学要求

（1）了解本课程的目的、内容和要求，培养学生终身学习的意识。

1.1　知识：本课程的目的、内容、要求和教学方式。

1.2　品格：了解自学与教学的关系，培养学生的终身学习的意识。

（2）探索海洋现象的概念、特性和影响，培养学生的海洋意识和学习海洋的兴趣。

2.1　能力：了解海洋现象的类型、概念和特性。

2.1.1　指标点：沿岸主要海洋现象。

2.1.2　指标点：影视中的海洋现象。

2.1.3　指标点：陆地与海洋的关系。

2.2　品格：探索海洋现象的特性和价值，培养学生的海洋意识和学习海洋的兴趣。

（3）探索海洋探测的内涵、特点和价值，培养学生学习海洋的兴趣。

3.1　能力：海洋探测的主要技术、特点和现状。

3.1.1　指标点：水上机器人的操控。

3.1.2　指标点：无人机摄影和操控。

3.1.3　指标点：温度传感器的设计。

3.2　品格：探索海洋探测的内涵和价值，培养学生学习海洋的兴趣。

（4）探索海洋数据的价值、对象和特点，培养学生学习海洋的兴趣。

4.1　能力：海洋数据的意义、特点和服务方式。

4.1.1　指标点：海图要素的识别和量测。

4.1.2　指标点：电子海图的安装和浏览。

4.1.3　指标点：遥感影像的判读和标绘。

4.2　品格：探索海洋数据的内涵和价值，培养学生学习海洋的兴趣。

（5）完成海洋技术认知的总结和汇报，培养学生海洋强国的激情。

5.1　能力：完成海洋技术认知的总结和汇报。

5.1.1　指标点：学习体会的撰写。

5.1.2　指标点：学习体会的汇报。

5.2　品格：了解海洋技术的重要性，培养学生海洋强国的激情。

表 8.2 给出了本课程的教学要求与课程目标的关系。

表 8.2　教学要求与课程目标的关系

教学要求		课程目标		
		1	2	3
1	1.1	●		
	1.2	●		
2	2.1		●	
	2.2		●	
3	3.1		●	
	3.2		●	
4	4.1		●	
	4.2		●	
5	5.1			●
	5.2			●

6. 课程评价

课程评价是由教学要求和课程目标的评价组成的，本课程的教学要求是由平时表现和总结汇报，同时，设置不同的标准和权重的考核方式实现的，课程目标是按照与教学要求的关系分析和评价的，可见表 8.2。

表 8.3 给出了本课程教学要求的评价与考核方式。

表 8.3　教学要求的评价与考核方式

教学要求		权重分配		比例分配（%）
		平时表现	总结汇报	
1	1.1		10	10
	1.2		5	5
2	2.1	10		10
	2.2	5		5
3	3.1	15		15
	3.2	5		5

续表

教学要求		权重分配		比例分配（%）
		平时表现	总结汇报	
4	4.1	15		15
	4.2	5		5
5	5.1		20	20
	5.2	5	5	10
合计		60	40	100

8.2　海洋探测技术实践

1. 基本信息

课程代码	2270059	课程名称	海洋探测技术实践	英文名称	The Design of Marine Instrument		
课程类别	实践教学	课程性质	必修	学时 / 学分	128/8	适用专业	海洋技术
预修课程	海洋探测平台、海洋探测仪器				同修课程	毕业设计	
参考教材	海洋探测技术实践教程，徐德刚、田文杰等编著，内部教材，2019				授课学院	海洋科学与技术学院	

2. 课程简介

本课程是一门海洋技术专业本科生的实践教学课程，是一个综合性的海洋探测技术的实践环节，学生不仅能够完整了解海洋探测技术的设计和要求，学会运用电工、控制、机械等相关原理和知识分析和解决实际的海洋探测技术问题，也能够理解平台与仪器、个人与团队、工程与社会等的关系。

3. 课程目标

（1）能够运用所学课程的相关知识，设计和开发一套符合任务要求的智能海洋探测系统。

（2）能够针对系统的任务要求，判断和表达关键的环节或参数，分析和完成系统的设计。

（3）能够针对系统的技术设计，开发或加工相关的模型或零部件，并能够体现创新意识。

（4）能够针对系统的技术要求，选择恰当的测试、绘图等工具，考虑社会、环境等影响。

（5）能够针对系统的任务分工，独立或合作完成个人承担的工作，并能有效沟通和表达。

（6）了解本课程的内容和要求，自主学习、诚实守信，培养学生的家国情怀和责任意识。

表 8.4 给出了本课程的课程目标与毕业要求的关系。

表 8.4　课程目标与毕业要求的关系

课程目标	毕业要求											
	1	2	3	4	5	6	7	8	9	10	11	12
1	●											
2		●	●									
3			●									
4					●							
5									●	●		
6								●				●

4. 教学内容

第 1 章　绪论

1.1　课程的任务

1.2　系统原理和结构

1.3　数据与要求

1.4　总体技术设计

第 2 章　单波束换能器

2.1　技术设计

2.2　元器件的装配

2.3　技术测试

第 3 章　导航定位单元

3.1　技术设计

3.2　单元部件的装配

3.3　技术测试

第 4 章　显示控制单元

4.1　技术设计

4.2　控制程序的开发

4.3　装配与测试

第 5 章　机械动力装置

5.1　技术设计

5.2　零部件的加工

5.3　装配与测试

第 6 章　智能海洋探测系统

6.1　系统安装

6.2　系统测试

6.3　技术总结

5. 教学要求

（1）能够分析和完成智能海洋探测系统技术设计，培养学生的工程思维和创新意识。

1.1　能力：分析和完成智能海洋探测系统技术设计。

1.1.1　指标点：系统原理和结构分析。

1.1.2　指标点：设计数据和要求。

1.1.3　指标点：设计报告撰写和评价。

1.2　思维：理解智能海洋探测的本质，培养学生的设计思维和创新意识。

（2）能够分析和完成单波束换能器的设计与开发，理解水声换能器技术的本质特性。

2.1　能力：设计和开发单波束水声换能器。

2.1.1　指标点：水声换能器原理和结构分析。

2.1.2　指标点：水声换能器技术设计。

2.1.3　指标点：换能器程序的开发。

2.1.4　指标点：元器件的装配和测试。

2.2　品格：理解系统与换能器的关系，培养学生实事求是的精神和职业品格。

（3）能够分析和完成导航定位单元的设计与开发，理解导航和定位技术的本质特性。

3.1　能力：设计和开发导航定位单元。

3.1.1　指标点：导航定位原理和结构分析。

3.1.2　指标点：导航定位单元的技术设计。

3.1.3　指标点：导航定位程序的开发。

3.1.4　指标点：单元部件的装配和测试。

3.2　品格：理解系统与导航定位的关系，培养学生实事求是的精神和职业品格。

（4）能够分析和完成显示与控制单元的设计与开发，理解显示和控制技术的本质特性。

4.1　能力：设计和开发显示与控制单元。

4.1.1　指标点：显示控制原理和结构分析。

4.1.2　指标点：显示控制单元技术设计。

4.1.3　指标点：显示控制程序的开发。

4.1.4　指标点：单元部件的装配和测试。

4.2　品格：理解系统与显示控制的关系，培养学生实事求是的精神和职业品格。

（5）能够分析和完成机械动力装置的设计与开发，理解机械和动力技术的本质特性。

5.1　能力：设计和开发机械动力装置。

5.1.1　指标点：机械动力原理和结构分析。

5.1.2　指标点：机械动力装置技术设计。

5.1.3　指标点：零部件的加工和装配。

5.1.4　指标点：机械动力装置的测试。

5.2　品格：理解系统与机械装置的关系，培养学生实事求是的精神和职业品格。

（6）能够完成智能海洋探测系统的装配和测试，培养学生的科学思维和创新意识。

6.1　能力：装配和完成智能海洋探测系统。

6.1.1　指标点：系统的配置和安装。

6.1.2　指标点：系统的联调和测试。

6.1.3　指标点：技术总结的撰写。

6.1.4　指标点：技术总结的汇报。

6.2　思维：理解海洋探测技术的变革，培养学生的系统思维和创新意识。

表 8.5 给出了本课程的教学要求与课程目标的关系。

表 8.5　教学要求与课程目标的关系

教学要求		课程目标					
		1	2	3	4	5	6
1	1.1	●	●		●		
	1.2		●				
2	2.1			●	●	●	
	2.2						●
3	3.1			●	●	●	
	3.2						●
4	4.1			●	●	●	
	4.2						●
5	5.1			●	●	●	
	5.2						●
6	6.1	●				●	
	6.2		●				

6. 课程评价

课程评价是由教学要求和课程目标的评价组成的，本课程的教学要求是由平时表现、技术设计和总结汇报，同时，设置不同的标准和权重的考核方式实现的，课程目标是按照与教学要求的关系分析和评价的，可见表 8.5。

表 8.6 给出了本课程教学要求的评价与考核方式。

表 8.6　教学要求的评价与考核方式

教学要求		权重分配			比例分配（%）
		平时表现	技术设计	总结汇报	
1	1.1		15		15
	1.2		5		5
2	2.1		6	4	10
	2.2	4			4
3	3.1		6	4	10
	3.2	6			6
4	4.1		7	4	11
	4.2	4			4
5	5.1		6	4	10
	5.2	6			6
6	6.1		5	10	15
	6.2			4	4
合计		20	50	30	100

8.3　海洋数据工程实践

1. 基本信息

课程代码	2070110	课程名称	海洋数据工程实践	英文名称	Practice of Ocean Surveying Engineering		
课程类别	实践教学	课程性质	必修	学时 / 学分	96/6	适用专业	海洋技术
预修课程	海岸地形测量、海洋水文观测、海底地形测量				同修课程	毕业设计	
参考教材	国际海道测量组织海道测量手册，中华人民共和国海事局编译，人民交通出版社，2011				授课学院	海洋科学与技术学院	

2. 课程简介

本课程是一门海洋技术本科专业的实践教学课程，是一个综合性的海洋数据工程的实践环节，学生不仅能够了解海洋测量的对象、环境和条件，学会运用海洋测量和海洋制图相关原理和知识分析和解决实际的海洋数据工程问题，也能够理解理论与实践、个人与团队、工程与社会等的关系。

3. 课程目标

（1）能够运用所学课程的相关原理和知识，获取符合任务要求和技术标准的海洋数据。

（2）能够针对工程的技术设计，分析、设计和计算相关的参数，并能够体现创新意识。

（3）能够针对特定的任务要求，选择和操作恰当的工具，并考虑社会、环境等影响。

（4）能够针对特定的任务分工，独立或合作完成所承担的工作，并能有效沟通与合作。

（5）能够运用项目管理等相关原理和知识，分析和解决海洋数据工程的设计等问题。

（6）了解本课程的教学要求，自主学习、诚实守信，实事求是，培养学生的家国情怀。

表 8.7 给出了本课程的课程目标与毕业要求的关系。

表 8.7　课程目标与毕业要求的关系

课程目标	毕业要求											
	1	2	3	4	5	6	7	8	9	10	11	12
1	●											
2		●	●									
3					●	●	●					
4									●	●		
5											●	
6								●				●

4. 教学内容

第 1 章　绪论

1.1　目标

1.2　场地、内容和要求

1.3　任务书

第 2 章　技术设计

2.1　技术要求

2.2　设计内容和程序

2.3　技术设计报告

第 3 章　海岸地形测量

3.1　控制测量

3.2　空中摄影

3.3　平板测图

3.4　摄影测量

第 4 章　海洋水文观测

4.1　潮汐观测

4.2　海流观测

4.3　温盐剖面测量

第 5 章　海洋水深测量

5.1　水深测量

5.2　底质采样

5.3　声速剖面测量

第 6 章　海洋数据制图

6.1　海图编辑

6.2　海图数据综合

6.3　质量评价

第 7 章　技术总结

7.1　海洋数据成果

7.2　技术总结报告

7.3　技术总结汇报

附录 1　技术设计报告模版

附录 2　技术总结报告模版

附录 3　海洋数据成果列表

5. 教学要求

（1）深化海洋数据工程的相关知识和技术体系，培养学生的科学思维和创新意识。

1.1　知识：深化海洋测量工程和海洋数据制图的基本知识和技术体系。

1.2　思维：理解海洋现象的多样性，培养学生的系统思维和创新意识。

（2）能够分析和完成海洋数据工程技术设计，理解工程与社会、环境、文化等的关系。

2.1　能力：分析和完成海洋数据工程技术设计。

2.1.1　指标点：海洋测量的技术设计。

2.1.2　指标点：海洋制图的技术设计。

2.1.3　指标点：技术报告的撰写和评价。

2.2　品格：理解工程与社会的关系，培养学生的设计思维和创新意识。

（3）能够分析和获取符合要求的海岸地形数据，理解海岸地形测量的本质特性。

3.1　能力：分析和获取符合要求的海岸地形数据。

3.1.1　指标点：测量工具的安装与测试。

3.1.2　指标点：外业测量和质量控制。

3.1.3　指标点：测量数据的分析与评价。

3.2　品格：理解海岸与海洋数据工程的关系，培养学生实事求是的精神和职业品格。

（4）能够分析和获取符合要求的海洋水文数据，理解海洋水文观测的本质特性。

4.1　能力：分析和获取符合要求的海洋水文数据。

4.1.1　指标点：观测工具的安装与测试。

4.1.2　指标点：外业观测和质量控制。

4.1.3　指标点：观测数据的分析与评价。

4.2　品格：理解水文与海洋数据工程的关系，培养学生自主学习的能力和职业品格。

（5）能够分析和获取符合要求的海底地形数据，理解海底地形测量的本质特性。

5.1 能力：分析和获取符合要求的海底地形数据。

5.1.1 指标点：测量工具的安装与测试。

5.1.2 指标点：外业测量和质量控制。

5.1.3 指标点：测量数据的分析与评价。

5.2 品格：理解海底与海洋数据工程的关系，培养学生实事求是的精神和职业品格。

（6）能够分析和完成海洋数据的制图和评价，理解海洋数据制图的本质特性。

6.1 能力：分析和完成海洋数据的制图和评价。

6.1.1 指标点：制图工具的安装和调试。

6.1.2 指标点：海洋数据的分析和编辑。

6.1.3 指标点：海洋数据的综合和评价。

6.2 品格：理解海图与海洋数据工程的本质，培养学生实事求是的精神和责任意识。

（7）能够分析和完成海洋数据工程技术总结，理解海洋数据工程的意义和本质特性。

7.1 能力：分析和完成海洋数据工程技术总结。

7.1.1 指标点：海洋数据成果的整理。

7.1.2 指标点：技术总结报告的撰。

7.1.3 指标点：技术总结交流和汇报。

7.2 思维：理解海洋数据工程的本质和价值，培养学生的系统思维和责任意识。

表 8.8 给出了本课程的教学要求与课程目标的关系。

表 8.8　教学要求与课程目标的关系

教学要求		课程目标					
		1	2	3	4	5	6
1	1.1	●					
	1.2		●				
2	2.1		●	●		●	
	2.2		●				
3	3.1	●		●	●		
	3.2						●
4	4.1	●		●	●		
	4.2						●
5	5.1	●		●	●		
	5.2						●
6	6.1				●		
	6.2						●
7	7.1				●		
	7.2						●

6. 课程评价

课程评价是由教学要求和课程目标的评价组成的，本课程的教学要求是由平时表现、技术设计、总结汇报，同时，设置不同的标准和权重的考核方式实现的，课程目标是按照与教学要求的关系分析和评价的，可见表 8.8。

表 8.9 给出了本课程教学要求的评价与考核方式。

表 8.9　教学要求的评价与考核方式

教学要求		权重分配			比例分配（%）
		平时表现	技术设计	总结汇报	
1	1.1		8		8
	1.2		6		6

续表

教学要求		权重分配			比例分配（%）
		平时表现	技术设计	总结汇报	
2	2.1		20		20
	2.2		6		6
3	3.1		2	5	7
	3.2	4			4
4	4.1		2	5	7
	4.2	4			4
5	5.1		2	5	7
	5.2	4			4
6	6.1		2	5	7
	6.2	4			4
7	7.1		2	10	12
	7.2	4			4
合计		20	50	30	100

第 9 章　海洋技术专业拓展课程教学大纲

9.1　智能海洋探测技术

1. 基本信息

<table>
<tr><td>课程代码</td><td>2270132</td><td>课程名称</td><td>智能海洋探测技术</td><td>英文名称</td><td colspan="3">Intelligence Marine Exploring Technology</td></tr>
<tr><td>课程类别</td><td>专业核心课</td><td>课程性质</td><td>必修</td><td>学时 / 学分</td><td>32/2</td><td>适用专业</td><td>海洋技术</td></tr>
<tr><td>预修课程</td><td colspan="4">海洋机械原理、海洋探测平台</td><td>同修课程</td><td colspan="2">海洋激光探测技术</td></tr>
<tr><td>参考教材</td><td colspan="4">水下机器人，蒋新松等编著，辽宁科学技术出版社，2000</td><td>授课学院</td><td colspan="2">海洋科学与技术学院</td></tr>
</table>

2. 课程简介

本课程是海洋技术本科专业的专业选修课程，也是本专业研究生的必修课程。本课程会将学生引入一个智能化的海洋探测技术体系，学生不仅能够了解智能海洋探测技术的对象、目的和意义，理解智能化与模块化的关系，掌握智能海洋探测技术的基本概念、原理和方法，学会智能化海洋测量平台、仪器舱、布放装置等的设计和要求，也能够将相关专业知识应用于解决复杂的智能海洋探测技术问题。

3. 课程目标

（1）掌握智能海洋探测技术的基本概念、原理和方法，能够解决复杂的智能海洋探测技术设计问题。

（2）能够针对复杂的智能海洋探测技术问题，识别和表达关键的环节或因素，分析和获取有效结论。

（3）能够针对特定的需求，设计和开发与智能海洋探测技术相关的部件或模型，并能体现创新意识。

（4）能够针对特定的海洋工程，了解和选择恰当的设计、测试、CAD绘图等工具，并理解其局限性。

（5）能够针对特定的问题，查阅文献，自主学习，理解和解决与智能海洋探测技术相关的设计问题。

（6）了解和比较国内外智能海洋探测技术沿革，培养学生海洋意识、家国情怀和兴学强国的使命感。

表9.1给出了本课程的课程目标与毕业要求的关系。

表9.1　课程目标与毕业要求的关系

课程目标	毕业要求											
	1	2	3	4	5	6	7	8	9	10	11	12
1	●											
2		●										
3			●									
4					●							
5												●
6								●				

4. 教学内容

第1章　绪论

1.1　智能海洋探测的概念

1.2　智能海洋探测的对象、目的和方法

1.3　智能海洋探测的内容和要求

1.4　智能海洋探测技术体系

1.5　与相关学科的关系

第2章　智能海洋测量平台

2.1　引言

2.2　无人测量船

2.3　水下机器人

2.4　水下滑翔机

2.5　小结

第 3 章　智能海洋测量仪器舱

3.1　引言

3.2　仪器舱的结构

3.3　仪器舱的监测

3.4　仪器舱的控制

3.5　小结

第 4 章　智能仪器布放装置

4.1　引言

4.2　伸缩式布放装置

4.3　悬挂式布放装置

4.4　拖曳式布放装置

4.5　小结

第 5 章　智能海洋探测技术实践

5.1　引言

5.2　无人测量船设计

5.3　多波束测深仪器舱设计

5.4　悬挂式布放装置设计

5.5　小结

5. 教学要求

（1）熟悉智能海洋探测技术的基本概念和体系结构，培养学生的海洋意识和家国情怀。

1.1　知识：智能海洋探测技术的定义、分类、特点、目的、方法、体系结构和要求。

1.2　品格：了解智能化海洋探测的意义和技术沿革，培养学生的兴学强国的使命感。

（2）学会智能海洋测量平台的基本概念、结构和要求，能够分析和解决智能海洋测量平台设计等问题。

2.1　知识：掌握智能海洋测量平台的基本概念、结构和特点。

2.1.1　知识点：智能测量平台的特征和要求。

2.1.2　知识点：无人测量船的结构和设计。

2.1.3　知识点：揽控水下机器人的结构和设计。

2.1.4　知识点：无揽水下机器人的结构和设计。

2.1.5　知识点：水下滑翔机的结构和设计。

2.1.6　知识点：智能测量平台的导航和控制。

2.2　能力：理解模块化与智能化的关系，设计或开发智能海洋测量平台的相关部件或算法。

（3）学会智能海洋测量仪器舱的基本概念、结构和要求，能够分析和解决智能海洋测量仪器舱设计等问题。

3.1　知识：掌握智能海洋测量仪器舱的基本概念、结构和特点。

3.1.1　知识点：仪器舱的结构和设计要求。

3.1.2　知识点：仪器舱的电磁和声学特性。

3.1.3　知识点：仪器舱的动态特性和平衡。

3.1.4　知识点：仪器舱和零部件的设计。

3.1.5　知识点：仪器舱的自动控制和监测。

3.2　能力：理解海上平台与仪器的关系，设计或开发智能海洋测量仪器的相关部件或算法。

（4）学会海洋智能仪器布放装置的基本概念、结构和要求，能够分析和解决智能仪器布放装置设计等问题。

4.1　知识：掌握智能仪器布放装置的概念、结构和特点。

4.1.1　知识点：仪器布放装置的分类和要求。

4.1.2　知识点：影响仪器布放的因素和特点。

4.1.3　知识点：伸缩式布放装置的结构与设计。

4.1.4　知识点：悬挂式布放装置的结构和设计。

4.1.5　知识点：拖曳式布放装置的结构和设计。

4.1.6　知识点：仪器布放装置的自动控制和监测。

4.2　能力：理解布放装置与环境的关系，设计或开发智能仪器布放装置的相关部件或算法。

（5）分析和设计智能海洋探测技术相关平台或部件，培养学生的工程思维和创新意识。

5.1　能力：分析和设计智能海洋探测技术相关平台、部件或装置。

5.2　思维：了解教学要求，培养学生的设计等思维和创新意识。

表 9.2 给出了本课程的教学要求与课程目标的关系。

表 9.2　教学要求与课程目标的关系

教学要求		课程目标					
		1	2	3	4	5	6
1	1.1	●					
	1.2						●
2	2.1	●				●	
	2.2		●	●			
3	3.1	●				●	
	3.2		●	●			
4	4.1	●				●	
	4.2		●	●			
5	5.1			●	●		
	5.2		●				

6. 课程评价

课程评价是由教学要求和课程目标的评价组成的，本课程的教学要求是由平时表现、课程考试和课程设计，同时，设置不同的标准和权重的考核方式实现的，课程目标是按照与教学要求的关系分析和评价的，可见表 9.2。

表 9.3 给出了本课程教学要求的评价与考核方式。

表 9.3　教学要求的评价与考核方式

教学要求		权重配置			比例分配（%）
		平时表现	课程考试	课程设计	
1	1.1	4	2		6
	1.2	2	6	2	10

续表

教学要求		权重配置			比例分配（%）
		平时表现	课程考试	课程设计	
2	2.1	4	9	5	18
	2.2		5	1	6
3	3.1	4	9	5	18
	3.2		5	1	6
4	4.1	4	10	5	19
	4.2		4	1	5
5	5.1	2		2	4
	5.2			8	8
合计		20	50	30	100

9.2 海洋激光探测技术

1. 基本信息

课程代码	2270048	课程名称	海洋激光探测技术	英文名称	Marine Laser Exploring Technology		
课程类别	专业拓展课	课程性质	选修	学时 / 学分	32/2	适用专业	海洋技术
预修课程	海洋探测平台、海洋探测仪器				同修课程	海洋水声探测技术	
授课教材	激光测量技术概论，杨照金等主编，国防工业出版社，2017				授课学院	海洋科学与技术学院	

2. 课程简介

本课程是海洋技术本科专业的专业选修课程，也是本专业研究生的必修课程。本课程会将学生引入一个现代的海洋激光探测技术领域，学生不仅能够了解海洋激光探测技术的对象、目的和意义，理解海洋激光与水声技术的关系，掌握海洋激光探测技术的基本概念、原理和方法，学会海洋激光探测装置的结构、设计和要求，也能够将相关专业知识应用于解决复杂的海洋激光探测技术问题。

3. 课程目标

（1）掌握海洋激光探测技术的基本概念、原理和方法，能够解决复杂的海洋激光测距和成像等问题。

（2）能够针对复杂的海洋激光探测技术问题，识别和表达关键的环节或因素，分析和获取有效结论。

（3）能够针对特定的需求，设计和开发与海洋激光探测技术相关的部件或模型，并能体现创新意识。

（4）能够针对特定的工程，了解和选择恰当的设计、测试、Matlab 仿真工具，并能理解其局限性。

（5）能够针对特定的问题，查阅文献，自主学习，理解和解决与海洋激光探测技术相关的设计问题。

（6）了解和比较国内外海洋激光探测技术沿革，培养学生海洋意识、家国情怀和兴学强国的使命感。

表 9.4 给出了本课程的课程目标与毕业要求的关系。

表 9.4　课程目标与毕业要求的关系

课程目标	毕业要求											
	1	2	3	4	5	6	7	8	9	10	11	12
1	●											
2		●										
3			●									
4					●							
5												●
6								●				

4. 教学内容

第 1 章　绪论

1.1　海洋激光探测的概念

1.2　海洋激光探测的对象、目的和方法

1.3　海洋激光探测的内容和要求

1.4 海洋激光探测的技术体系

1.5 与相关学科的关系

第 2 章 水下激光测距技术

2.1 引言

2.2 水下激光测距原理

2.3 水下激光测距装置

2.4 水下激光测距技术

2.5 小结

第 3 章 机载激光测深技术

3.1 引言

3.2 机载激光测深原理

3.3 机载激光测深系统

3.4 机载激光测深技术

3.5 小结

第 4 章 水下激光成像技术

4.1 引言

4.2 水下激光成像原理

4.3 激光扫描成像技术

4.4 激光视觉测量技术

4.5 小结

第 5 章 水下声光混合技术

5.1 引言

5.2 水下激光测振原理

5.3 多普勒测振技术

5.4 声呐激光标校技术

5.5 声光混合声呐技术

5.6 小结

5. 教学要求

（1）熟悉海洋激光探测技术的基本概念和体系结构，培养学生的海洋意识和家国情怀。

1.1 知识：海洋激光探测技术的定义、分类、特点、目的、方法、体系结构和要求。

1.2 品格：了解海洋激光探测技术的意义和历史沿革，培养学生的兴学强国的使命感。

（2）学会水下激光测距技术的基本概念、结构和要求，能够分析和解决水下激光测距技术设计等问题。

2.1 知识：掌握水下激光测距技术的基本概念、结构和特点。

2.1.1 知识点：水下激光测距技术的分类和要求。

2.1.2 知识点：脉冲式激光测距技术的原理和特点。

2.1.3 知识点：相位式激光测距技术的原理和特点。

2.1.4 知识点：干涉法激光测距技术的原理和特点。

2.1.5 知识点：水下激光测距装置的结构和设计。

2.1.6 知识点：激光信号收发、处理、标校等技术。

2.2 能力：理解激光与海洋的关系，设计或开发水下激光测距技术相关器件或算法。

（3）学会机载激光测深技术的基本概念、结构和要求，能够分析和解决机载激光测深技术设计等问题。

3.1 知识：掌握机载激光测深技术的基本概念、结构和特点。

3.1.1 知识点：机载激光测深技术的原理和要求。

3.1.2 知识点：机载激光测深系统的结构和特点。

3.1.3 知识点：机载激光测深信号的收发和扫描。

3.1.4 知识点：机载激光测深信号的误差和校正。

3.1.5 知识点：机载激光测深数据的计算和改正。

3.2 能力：理解激光测距与测深技术的关系，设计或开发机载激光测深技术相关器件或算法。

（4）学会水下激光成像技术的基本概念、结构和要求，能够分析和解决水下激光成像技术设计等问题。

4.1 知识：掌握水下激光成像技术的概念、结构和特点。

4.1.1 知识点：水下激光成像的分类和要求。

4.1.2 知识点：水下激光成像的原理和特点。

4.1.3　知识点：激光扫描成像的结构和设计。

4.1.4　知识点：水下激光点云数据构像技术。

4.1.5　知识点：激光视觉测量的结构和设计。

4.1.6　知识点：激光视觉测量误差与信号分析。

4.2　能力：理解激光测距与成像技术的关系，设计或开发水下激光成像技术相关器件或算法。

5. 学会水下声光混合技术的基本概念、结构和要求，能够分析和解决水下声光混合技术设计等问题。

5.1　知识：掌握水下声光混合技术的概念、结构和特点。

5.1.1　知识点：水下声光混合技术的概念和内涵；

5.1.2　知识点：水下激光测振技术的原理和特点；

5.1.3　知识点：声呐参数激光标校技术的性质；

5.1.4　知识点：声呐参数激光标校装置的设计；

5.1.5　知识点：水下声光混合声呐技术的性质；

5.1.6　知识点：水下声光混合声呐装置的设计。

5.2　能力：理解水声和激光探测技术的关系，设计或开发水下声光混合技术相关器件或算法。

6. 分析和设计海洋激光探测技术相关模型或部件，培养学生的工程思维和创新意识。

6.1　能力：分析和设计水下激光测距或测深技术相关部件和模型。

6.2　思维：了解教学要求，培养学生的工程思维和创新意识。

表 9.5 给出了本课程的教学要求与课程目标的关系。

表 9.5　教学要求与课程目标的关系

教学要求		课程目标					
		1	2	3	4	5	6
1	1.1	●					
	1.2						●
2	2.1	●				●	
	2.2		●	●			

续表

教学要求		课程目标					
		1	2	3	4	5	6
3	3.1	●				●	
	3.2		●	●			
4	4.1	●				●	
	4.2		●	●			
5	5.1	●				●	
	5.2		●	●			
6	6.1			●	●		
	6.2		●				

6. 课程评价

课程评价是由教学要求和课程目标的评价组成的，本课程的教学要求是由平时表现、课程考试和课程设计，同时，设置不同的标准和权重的考核方式实现的，课程目标是按照与教学要求的关系分析和评价的，可见表 9.5。

表 9.6 给出了本课程教学要求的评价与考核方式。

表 9.6 教学要求的评价与考核方式

教学要求		权重配置			比例分配（%）
		平时表现	课程考试	课程设计	
1	1.1	4	2		6
	1.2	2	4		6
2	2.1	3	6	2	11
	2.2		3	1	4
3	3.1	6	6	4	16
	3.2		4	1	5
4	4.1	3	8	4	15
	4.2		4	1	5

续表

教学要求		权重配置			比例分配（%）
		平时表现	课程考试	课程设计	
5	5.1	2	10	5	17
	5.2		3	2	5
6	6.1			2	2
	6.2			8	8
合计		20	50	30	100

9.3 海洋水声探测技术

1. 基本信息

课程代码	2270047	课程名称	海洋水声探测技术	英文名称	Marine Acoustics Exploring Technology		
课程类别	专业拓展课	课程性质	选修	学时 / 学分	32/2	适用专业	海洋技术
预修课程	海洋探测仪器				同修课程	海洋激光探测技术	
参考教材	声呐技术（第二版），田坦编著，哈尔滨工程大学出版社，2010				授课学院	海洋科学与技术学院	

2. 课程简介

本课程是海洋技术本科专业的专业选修课程，也是本专业研究生的必修课程。本课程会将学生引入一个核心的海洋水声探测技术领域，学生不仅能够了解海洋水声探测技术的对象、目的和意义，理解海洋探测与水声技术的关系，掌握海洋水声探测技术的基本概念、原理和方法，学会海洋水声探测装置的结构、设计和要求，也能够将相关专业知识应用于解决复杂的海洋水声探测技术问题。

3. 课程目标

（1）掌握海洋水声探测技术的基本概念、原理和方法，能够解决复杂的海洋水声测深和成像等问题。

（2）能够针对复杂的海洋水声探测技术问题，识别和表达关键的环节或因素，分析和获取有效结论。

（3）能够针对特定的需求，设计和开发与海洋水声探测技术相关的部件或模型，并能体现创新意识。

（4）能够针对特定的工程，了解和选择恰当的设计、测试、Matlab 仿真工具，并能理解其局限性。

（5）能够针对特定的问题，查阅文献，自主学习，理解和解决与海洋水声探测技术相关的设计问题。

（6）了解和比较国内外海洋水声探测技术沿革，培养学生海洋意识、家国情怀和兴学强国的使命感。

表 9.7 给出了本课程的课程目标与毕业要求的关系。

表 9.7　课程目标与毕业要求的关系

课程目标	毕业要求											
	1	2	3	4	5	6	7	8	9	10	11	12
1	●											
2		●										
3			●									
4					●							
5												●
6								●				

4. 教学内容

第 1 章　绪论

1.1　海洋水声探测的概念

1.2　海洋水声探测的对象、目的与方法

1.3　海洋水声探测的内容与要求

1.4　与相关学科的关系

第 2 章　水深测量技术

2.1　引言

2.2　回声测深原理

2.3　多波束测深技术
2.4　相干声呐测深技术
2.5　小结
第 3 章　水下声学成像技术
3.1　引言
3.2　水下声学成像原理
3.3　水下扫描成像技术
3.4　合成孔径成像技术
3.5　小结
第 4 章　地层剖面测量技术
4.1　引言
4.2　地层剖面测量原理
4.3　双频水声测量技术
4.4　地层剖面探测技术
4.5　小结
第 5 章　水声多普勒测量技术
5.1　引言
5.2　水声多普勒测量原理
5.3　水下移动目标探测
5.4　水声多普勒测流技术
5.5　小结

5. 教学要求

（1）熟悉海洋水声探测技术的基本概念和体系结构，培养学生的海洋意识和家国情怀。

1.1　知识：海洋水声探测技术的定义、分类、特点、目的、方法、体系结构和要求。

1.2　品格：了解海洋水声探测技术的意义和历史沿革，培养学生兴学强国的使命感。

（2）学会海洋水深测量技术的基本概念、结构和要求，能够分析和解决海洋水深测量技术设计等问题。

2.1　知识：掌握水深测量技术的基本概念、结构和特点。

2.1.1　知识点：单波束水深测量技术的原理和特点。

2.1.2　知识点：单波束水深测量仪器的结构和设计。

2.1.3　知识点：多波束水深测量技术的原理和特点。

2.1.4　知识点：多波束水深测量仪器的结构和设计。

2.1.5　知识点：相干声呐测深技术的原理和特点。

2.1.6　知识点：相干声呐测深装置的结构和设计。

2.2　能力：理解单波束与多波束的关系，设计或开发水深测量技术相关器件或算法。

（3）学会水下声学成像技术的基本概念、结构和要求，能够分析和解决水下声学成像技术设计等问题。

3.1　知识：掌握水下声学成像技术的概念、结构和特点。

3.1.1　知识点：水下成像技术的概念和内涵。

3.1.2　知识点：扫描声呐的分类和原理。

3.1.3　知识点：扫描声呐的结构和设计。

3.1.4　知识点：合成孔径成像的原理和特性。

3.1.5　知识点：合成孔径声呐的构象模型。

3.1.6　知识点：合成孔径声呐的结构和设计。

3.2　能力：理解测深和水声成像技术的关系，设计或开发水下声光混合技术相关器件或算法。

（4）学会地层剖面测量技术的基本概念、结构和要求，能够分析和解决地层剖面测量技术设计等问题。

4.1　知识：掌握地层剖面测量技术的基本概念、结构和特点。

4.1.1　知识点：双频水声测量技术的原理和特点。

4.1.2　知识点：双频水声测量仪器的结构和设计。

4.1.3　知识点：地层剖面探测技术的原理和特点。

4.1.4　知识点：地层剖面探测仪器的结构和设计。

4.1.5　知识点：双频水声测量信号的分析和识别。

4.2　能力：理解水深与剖面测量的关系，设计或开发地层剖面测量技术相关器件或算法。

（5）学会水声多普勒测量技术的基本概念、结构和要求，能够分析和解决水声多普勒测量技术设计等问题。

5.1　知识：掌握水声多普勒测量技术的概念、结构和特点。

5.1.1　知识点：水声多普勒测量的概念和特性。

5.1.2　知识点：水下移动目标探测技术的模式和特点。

5.1.3　知识点：水下移动目标探测装置的结构和设计。

5.1.4　知识点：水声多普勒测流技术的原理和特点。

5.1.5　知识点：水声多普勒测流仪器的结构和设计。

5.1.6　知识点：水声多普勒测流信号的探测和分析。

5.2　能力：理解声波与移动目标的关系，设计或开发水声多普勒测量技术相关器件或算法。

（6）分析和设计海洋水声探测技术相关模型或部件，培养学生的工程思维和创新意识。

6.1　能力：分析和设计水声测深或测流技术相关部件和模型。

6.2　思维：了解教学要求，培养学生的工程思维和创新意识。

表 9.8 给出了本课程的教学要求与课程目标的关系。

表 9.8　教学要求与课程目标的关系

教学要求		课程目标					
		1	2	3	4	5	6
1	1.1	●					
	1.2						●
2	2.1	●				●	
	2.2		●	●			
3	3.1	●				●	
	3.2		●	●			
4	4.1	●				●	
	4.2		●	●			
5	5.1	●				●	
	5.2		●	●			

续表

教学要求		课程目标					
		1	2	3	4	5	6
6	6.1			●	●		
	6.2		●				

6. 课程评价

课程评价是由教学要求和课程目标的评价组成的，本课程的教学要求是由平时表现、课程考试和课程设计，同时，设置不同的标准和权重的考核方式实现的，课程目标是按照与教学要求的关系分析和评价的，可见表 9.8。

表 9.9 给出了本课程教学要求的评价与考核方式。

表 9.9　教学要求的评价与考核方式

教学要求		权重配置			比例分配（%）
		平时表现	课程考试	课程设计	
1	1.1	4	2		6
	1.2	2	4		6
2	2.1	3	6	2	11
	2.2		3	1	4
3	3.1	6	6	4	16
	3.2		4	1	5
4	4.1	3	8	4	15
	4.2		4	1	5
5	5.1	2	10	5	17
	5.2		3	2	5
6	6.1			2	2
	6.2			8	8
合计		20	50	30	100

9.4 海洋北斗技术

1. 基本信息

<table>
<tr><td>课程代码</td><td>2270053</td><td>课程名称</td><td>海洋北斗技术</td><td>英文名称</td><td colspan="3">Marine Beidou Technology</td></tr>
<tr><td>课程类别</td><td>专业拓展课</td><td>课程性质</td><td>选修</td><td>学时 / 学分</td><td>32/2</td><td>适用专业</td><td>海洋技术</td></tr>
<tr><td>预修课程</td><td colspan="4">海洋大地测量、海洋定位技术</td><td>同修课程</td><td colspan="2">惯性导航技术、水声定位技术</td></tr>
<tr><td>参考教材</td><td colspan="4">卫星定位原理与应用，王坚主编，测绘出版社，2017</td><td>授课学院</td><td colspan="2">海洋科学与技术学院</td></tr>
</table>

2. 课程简介

本课程是海洋技术本科专业的专业选修课程，也是本专业研究生的必修课程。本课程会将学生引入到一个热门的海洋北斗技术领域，学生不仅能够了解海洋北斗技术的对象、目的和意义，理解陆地与海洋北斗技术的关系，掌握海洋北斗技术的基本概念、原理和方法，学会海洋北斗技术的结构、设计和要求，也能够将相关专业知识应用于解决复杂的海洋北斗技术问题。

3. 课程目标

（1）掌握海洋北斗技术的基本概念、原理和方法，能够解决复杂的海洋北斗技术设计等问题。

（2）能够针对复杂的海洋北斗技术问题，识别和表达关键环节或因素，分析和获取有效结论。

（3）能够针对特定的问题，设计和开发海洋北斗技术相关的器件或算法，并能体现创新意识。

（4）能够针对特定的需求，了解和选择恰当的设计、测试、仿真等工具，并能理解其局限性。

（5）能够针对特定的要求，查阅文献，自主学习，理解和解决海洋北斗技术相关的设计问题。

（6）了解国内外海洋北斗技术的沿革，培养学生的海洋意识、家国情怀和兴学强国的使命感。

表 9.10 给出了本课程的课程目标与毕业要求的关系。

表 9.10　课程目标与毕业要求的关系

课程目标	毕业要求											
	1	2	3	4	5	6	7	8	9	10	11	12
1	●											
2		●										
3			●									
4					●							
5												●
6								●				

4. 教学内容

第 1 章　绪论

1.1　海洋北斗技术的概念

1.2　海洋北斗技术的内容、目的与方法

1.3　海洋北斗技术的分类与要求

1.4　海洋北斗技术体系

1.5　与相关学科的关系

第 2 章　北斗卫星轨道

2.1　引言

2.2　北斗卫星轨道

2.3　卫星位置计算

2.4　海洋环境影响

2.5　卫星精密星历

2.6　小结

第 3 章　北斗卫星信号

3.1　引言

3.2　北斗卫星信号结构

3.3　海洋北斗信号特性

3.4　北斗信号误差分析

3.5　小结

第 4 章　北斗定位技术

4.1　引言

4.2　单点定位技术

4.3　差分定位技术

4.4　动态定位技术

4.5　小结

第 5 章　海洋北斗服务

5.1　引言

5.2　船载北斗技术

5.3　标载北斗技术

5.4　北斗海洋探测技术

5.5　小结

5. 教学要求

（1）熟悉海洋北斗技术的基本概念和技术体系，培养学生的海洋意识和家国情怀。

1.1　知识：海洋北斗技术的概念、分类、特点、对象、目的、方法和要求等。

1.2　品格：了解海洋北斗技术的意义和沿革，培养学生的兴学强国的使命感。

（2）学会北斗卫星轨道的基本概念、结构与模型，能够分析和解决北斗卫星轨道分析与计算等问题。

2.1　知识：掌握北斗卫星轨道的基本概念、结构与模型。

2.1.1　知识点：北斗卫星轨道的概念和结构。

2.1.2　知识点：北斗卫星位置的观测和计算。

2.1.3　知识点：海上卫星观测的问题和特点。

2.1.4　知识点：北斗卫星星历的参数和计算。

2.1.5　知识点：北斗卫星星历的误差与改正。

2.2　能力：理解北斗卫星与海上目标的关系，推导或开发北斗卫星星历计算等相关算法。

（3）学会北斗卫星信号的基本概念、结构与特点，能够分析和解决北斗卫星信号分析与计算等问题。

3.1　知识：掌握北斗卫星信号的基本概念、结构与特点。

3.1.1　知识点：北斗卫星信号的概念和特点。

3.1.2　知识点：北斗卫星信号的参数和结构。

3.1.3　知识点：海洋北斗卫星信号的特性。

3.1.4　知识点：北斗卫星信号的误差和改正。

3.2　能力：理解北斗卫星信号与星历的关系，开发或推导北斗卫星信号误差改正等相关算法。

（4）学会海洋北斗定位技术的基本概念、原理与方法，能够分析和解决海洋北斗定位技术相关问题。

4.1　知识：掌握海洋北斗定位技术的基本概念、原理和方法。

4.1.1　知识点：海洋北斗定位技术的概念和特点。

4.1.2　知识点：单点伪距定位技术原理和算法。

4.1.3　知识点：单点相位定位技术原理和算法。

4.1.4　知识点：岸基差分定位技术原理和算法。

4.1.5　知识点：星际差分定位技术原理和算法。

4.1.6　知识点：北斗海上移动目标定位技术。

4.1.7　知识点：北斗海上目标姿态测量技术。

4.2　能力：理解单点与差分定位技术的关系，开发或推导海洋差分定位技术设计和计算等相关算法。

（5）学会海洋北斗服务的基本概念、内容和技术体系，能够分析和解决海洋北斗技术服务问题。

5.1　知识：掌握海洋北斗服务的基本概念、内容和技术体系。

5.1.1　知识点：海洋北斗服务的概念和技术体系。

5.1.2　知识点：船载北斗技术的设计和要求。

5.1.3　知识点：标载北斗技术的设计和要求。

5.1.4　知识点：北斗海洋环境的探测与反演。

5.2　能力：理解海洋与北斗技术的关系，开发或推导海洋北斗装置和环境探测技术等相关算法。

（6）分析和完成海洋北斗定位技术设计和开发，培养学生的工程思维和创新意识。

6.1　能力：分析和完成一个标载北斗卫星定位装置的设计和开发。

6.2　思维：了解教学要求，培养学生的工程思维和创新意识。

表 9.11 给出了本课程的教学要求与课程目标的关系。

表 9.11　教学要求与课程目标的关系

教学要求		课程目标					
		1	2	3	4	5	6
1	1.1	●					
	1.2						●
2	2.1	●				●	
	2.2		●	●			
3	3.1	●				●	
	3.2		●	●			
4	4.1	●				●	
	4.2		●	●			
5	5.1	●				●	
	5.2		●	●			
6	6.1			●	●		
	6.2		●				

6. 课程评价

课程评价是由教学要求和课程目标的评价组成的，本课程的教学要求是由平时表现、课程考试和课程设计，同时，设置不同的标准和权重的考核方式实现的，课程目标是按照与教学要求的关系分析和评价的，可见表 9.11。

表 9.12 给出了本课程教学要求的评价与考核方式。

表 9.12 教学要求的评价与考核方式

教学要求		权重配置			比例分配（%）
		平时表现	课程考试	课程设计	
1	1.1	4	2		6
	1.2	2	4		6
2	2.1	3	6	2	11
	2.2		3	1	4
3	3.1	6	11	4	21
	3.2		5	1	6
4	4.1	3	8	4	15
	4.2		4	1	5
5	5.1	2	5	5	12
	5.2		2	2	4
6	6.1			2	2
	6.2			8	8
合计		20	50	30	100

9.5 惯性导航技术

1. 基本信息

课程代码	2270054	课程名称	惯性导航技术	英文名称	Inertial Navigation Technology	
课程类别	专业拓展课	课程性质	选修	学时 / 学分	32/2	适用专业	海洋技术
预修课程	海洋大地测量、海洋定位技术				同修课程	海洋北斗技术、水声定位技术
授课教材	惯性导航基础，王新龙编著，西北工业大学出版社，2013				授课学院	海洋科学与技术学院

2. 课程简介

本课程是海洋技术本科专业的专业选修课程，也是本专业研究生的必修课程。本课程会将学生引入一个神奇的惯性导航技术领域，学生不仅能够了解惯性导航技术的对象、目的和意义，理解卫星与惯性导航技术的关系，掌握惯性导航技术的基本概念、原理和方法，学会惯性导航技术的结构、设计和要求，也能够将相关专业知识应用于解决复杂的惯性导航技术问题。

3. 课程目标

（1）掌握惯性导航技术的基本概念、原理和方法，能够解决复杂的惯性导航技术设计等问题。

（2）能够针对复杂的惯性导航技术问题，识别和表达关键环节或因素，分析和获取有效结论。

（3）能够针对特定的问题，设计和开发惯性导航技术相关的器件或算法，并能体现创新意识。

（4）能够针对特定的需求，了解和选择恰当的设计、测试、仿真等工具，并能理解其局限性。

（5）能够针对特定的要求，查阅文献，自主学习，理解和解决惯性导航技术相关的设计问题。

（6）了解国内外惯性导航的技术沿革，培养学生的海洋意识、家国情怀和兴学强国的使命感。

表 9.13 给出了本课程的课程目标与毕业要求的关系。

表 9.13　课程目标与毕业要求的关系

课程目标	毕业要求											
	1	2	3	4	5	6	7	8	9	10	11	12
1	●											
2		●										
3			●									
4					●							
5												●
6								●				

4. 教学内容

第 1 章　绪论

1.1　惯性导航的概念

1.2　惯性导航的内容、目的与方法
1.3　惯性导航的体系结构
1.4　与相关学科的关系
第 2 章　惯性导航原理
2.1　引言
2.2　刚体转动的特性
2.3　惯性导航参照系
2.4　加速度与比力方程
2.5　舒勒摆原理与人工水平面
2.6　小结
第 3 章　陀螺仪
3.1　引言
3.2　转子陀螺仪
3.3　激光陀螺仪
3.4　光纤陀螺仪
3.5　MEMS 陀螺仪
3.6　小结
第 4 章　加速度计
4.1　引言
4.2　摆式加速度计
4.3　挠性加速度计
4.4　MEMS 加速度计
4.5　加速度计数据模型
4.6　小结
第 5 章　平台式惯性导航
5.1　引言
5.2　平台式惯性导航力学设计
5.3　平台式惯性导航参数计算
5.4　平台式惯性导航误差分析
5.5　平台式惯性导航对准技术

5.6 小结

第 6 章 捷联式惯性导航

6.1 引言

6.2 捷联式惯性导航的结构

6.3 捷联式惯性导航力学设计

6.4 捷联式惯性导航误差分析

6.5 捷联式惯性导航对准技术

6.6 小结

5. 教学要求

（1）熟悉惯性导航技术的基本概念和技术体系，培养学生的海洋意识和家国情怀。

1.1 知识：惯性导航技术的概念、分类、特点、对象、目的、方法和要求等。

1.2 品格：了解惯性导航技术的意义和沿革，培养学生的兴学强国的使命感。

（2）学会惯性导航的基本概念、原理与方法，能够分析和解决惯性导航评价等问题。

2.1 知识：掌握惯性导航系统的基本概念、原理与方法。

2.1.1 知识点：固定点刚体转动的特性和表示。

2.1.2 知识点：惯性导航时空参照的概念和关系。

2.1.3 知识点：休拉调谐的原理、结构和特点。

2.1.4 知识点：加速度的概念和比力方程的原理。

2.1.5 知识点：舒勒摆原理和人工水平面的设置。

2.2 能力：理解卫星与惯性导航技术的关系，推导或开发惯性导航模型和分析等相关算法。

（3）学会陀螺仪的基本概念、原理与结构，能够分析和解决陀螺仪技术设计等问题。

3.1 知识：掌握陀螺仪的基本概念、原理与结构。

3.1.1 知识点：陀螺仪的概念、分类和特点。

3.1.2 知识点：转子陀螺仪的原理和结构。

3.1.3　知识点：激光陀螺仪的原理和设计。

3.1.4　知识点：光纤陀螺仪的原理和设计。

3.1.5　知识点：MEMS 陀螺仪的原理和结构。

3.2　能力：理解陀螺仪与加速度计的关系，推导或开发光纤陀螺仪技术相关算法。

（4）学会加速度计的基本概念、原理与结构，能够分析和解决加速度计技术设计等问题。

4.1　知识：掌握惯性导航器件的基本概念、原理与结构。

4.1.1　知识点：加速度计的概念、分类和特点。

4.1.2　知识点：摆式加速度计的原理和设计。

4.1.3　知识点：挠性加速度计的原理和结构。

4.1.4　知识点：MEMS 加速度计的原理和结构。

4.1.5　知识点：加速度计的数据模型和误差分析。

4.2　能力：理解加速度计与陀螺仪的关系，推导或开发摆式加速度计技术相关算法。

（5）学会平台式惯性导航的基本概念、原理与特点，能够分析和解决平台式惯性导航技术设计等问题。

5.1　知识：掌握平台式惯性导航的基本概念、原理和特点。

5.1.1　知识点：平台式惯性导航的概念和特点。

5.1.2　知识点：平台式惯性导航的力学分析。

5.1.3　知识点：平台式惯性导航的参数计算。

5.1.4　知识点：平台式惯性导航的误差分析。

5.1.5　知识点：平台式惯性导航的对准技术。

5.1.6　知识点：平台式惯性导航的技术设计。

5.2　能力：理解惯性导航器件与平台的关系，开发或推导平台式惯性导航技术相关算法。

（6）学会捷联式惯性导航的基本概念、原理和特点，能够分析和解决捷联式惯性导航技术设计等问题。

6.1　知识：掌握捷联式惯性导航的基本概念、原理和特点。

6.1.1　知识点：捷联式惯性导航的概念和特点。

6.1.2 知识点：姿态更新的原理、算法和评价。

6.1.3 知识点：捷联式惯性导航的参数计算。

6.1.4 知识点：捷联式惯性导航的误差分析。

6.1.5 知识点：捷联式惯性导航的对准技术。

6.1.6 知识点：捷联式惯性导航的技术设计。

6.2 能力：理解平台式与捷联式惯性导航的关系，开发或推导捷联式惯性导航技术相关算法。

（7）分析和完成惯性导航器件的设计和开发，培养学生的工程思维和创新意识。

7.1 能力：分析和完成一个光纤或 MEMS 陀螺仪技术设计和开发。

7.2 思维：了解教学要求，培养学生的工程思维和创新意识。

表 9.14 给出了本课程的教学要求与课程目标的关系。

表 9.14 教学要求与课程目标的关系

教学要求		课程目标					
		1	2	3	4	5	6
1	1.1	●					
	1.2						●
2	2.1	●				●	
	2.2		●	●			
3	3.1	●				●	
	3.2		●	●			
4	4.1	●				●	
	4.2		●	●			
5	5.1	●				●	
	5.2		●	●			
6	6.1	●				●	
	6.2		●	●			
7	7.1			●	●		
	7.2		●				

6. 课程评价

课程评价是由教学要求和课程目标的评价组成的，本课程的教学要求是由平时表现、课程考试和课程设计，同时，设置不同的标准和权重的考核方式实现的，课程目标是按照与教学要求的关系分析和评价的，可见表 9.14。

表 9.15 给出了本课程教学要求的评价与考核方式。

表 9.15　教学要求的评价与考核方式

教学要求		权重配置			比例分配（%）
		平时表现	课程考试	课程设计	
1	1.1	4	2		6
	1.2	2	4		6
2	2.1	3	4	2	9
	2.2		3	1	4
3	3.1	6	7	5	18
	3.2		3	1	4
4	4.1	3	6	4	13
	4.2		3	1	4
5	5.1	2	6	2	10
	5.2		3	1	4
6	6.1		6	2	8
	6.2		3	1	4
7	7.1			2	2
	7.2			8	8
合计		20	50	30	100

9.6 水声定位技术

1. 基本信息

<table>
<tr><td>课程代码</td><td>2270055</td><td>课程名称</td><td>水声定位技术</td><td>英文名称</td><td colspan="3">Hydroacoustics Positioning Technology</td></tr>
<tr><td>课程类别</td><td>专业拓展课</td><td>课程性质</td><td>选修</td><td>学时 / 学分</td><td>32/2</td><td>适用专业</td><td>海洋技术</td></tr>
<tr><td>预修课程</td><td colspan="4">海洋大地测量、海洋定位技术</td><td>同修课程</td><td colspan="2">海洋北斗技术、惯性导航技术</td></tr>
<tr><td>参考教材</td><td colspan="4">水下定位与导航技术，田坦编著，国防工业出版社，2007</td><td>授课学院</td><td colspan="2">海洋科学与技术学院</td></tr>
</table>

2. 课程简介

本课程是海洋技术本科专业的专业选修课程，也是本专业研究生的必修课程。本课程会将学生引入一个声学水下定位技术领域，学生不仅能够了解水声定位技术的对象、目的和意义，理解水面与水下定位技术的关系，掌握水声定位技术的基本概念、原理和方法，学会水声定位技术的结构、设计和要求，也能够将相关专业知识应用于解决复杂的水声定位技术问题。

3. 课程目标

（1）掌握水声定位技术的基本概念、原理和方法，能够解决复杂的水声定位技术设计等问题。

（2）能够针对复杂的水声定位技术问题，识别和表达关键环节或因素，分析和获取有效结论。

（3）能够针对特定的问题，设计和开发水声定位技术相关的器件或算法，并能体现创新意识。

（4）能够针对特定的需求，了解和选择恰当的设计、测试、仿真等工具，并能理解其局限性。

（5）能够针对特定的要求，查阅文献，自主学习，理解和解决水声定位技术相关的设计问题。

（6）了解国内外水声定位技术的沿革，培养学生的海洋意识、家国情怀和兴学强国的使命感。

表 9.16 给出了本课程的课程目标与毕业要求的关系。

表 9.16　课程目标与毕业要求的关系

课程目标	毕业要求											
	1	2	3	4	5	6	7	8	9	10	11	12
1	●											
2		●										
3			●									
4					●							
5												●
6								●				

4. 教学内容

第 1 章　绪论

1.1　水声定位的概念

1.2　水声定位技术的内容、目的与方法

1.3　水声定位的分类和要求

1.4　水声定位技术体系

1.5　与相关学科的关系

第 2 章　短基线水声定位技术

2.1　引言

2.2　短基线水声定位模式

2.3　短基线水声定位装置

2.4　短基线水声定位计算

2.5　短基线水声定位误差

2.6　小结

第 3 章　超短基线水声定位技术

3.1　引言

3.2　超短基线水声定位模式

3.3　超短基线水声定位装置

3.4　超短基线水声定位计算

3.5　超短基线水声定位误差

3.6　小结

第 4 章　长基线水声定位技术

4.1　引言

4.2　长基线水声定位模式

4.3　长基线水声定位装置

4.4　长基线水声定位计算

4.5　长基线水声定位误差

4.6　小结

第 5 章　多基线组合定位技术

5.1　引言

5.2　多基线组合定位模式

5.3　多基线组合定位装置

5.4　多基线组合定位计算

5.5　多基线组合定位误差

5.6　小结

5. 教学要求

（1）熟悉水声定位技术的基本概念和技术体系，培养学生的海洋意识和家国情怀。

1.1　知识：水声定位技术的概念、分类、特点、对象、目的、方法和要求等。

1.2　品格：了解水声定位技术的意义和沿革，培养学生的兴学强国的使命感。

（2）学会短基线水声定位技术的基本概念、原理和特点，能够分析和解决短基线水声定位技术设计等问题。

2.1　知识：掌握短基线水声定位技术的概念、原理和特点。

2.1.1　知识点：短基线水声定位技术的概念和特点。

2.1.2　知识点：短基线水声定位技术的原理和要求。

2.1.3　知识点：短基线水声定位装置的结构和设计。

2.1.4　知识点：短基线水声定位信号的分析和计算。

2.1.5　知识点：短基线水声定位数据的误差和改正。

2.2　能力：理解水面与水下定位技术的关系，推导或开发短基线水声定位信号分析和计算等相关算法。

（3）学会超短基线水声定位技术的基本概念、原理和特点，能够分析和解决超短基线水声定位技术设计等问题。

3.1　知识：掌握超短基线水声定位技术的概念、原理和特点。

3.1.1　知识点：超短基线水声定位技术的概念和特点。

3.1.2　知识点：超短基线水声定位技术的原理和要求。

3.1.3　知识点：超短基线水声定位装置的结构和设计。

3.1.4　知识点：超短基线水声定位信号的分析和计算。

3.1.5　知识点：超短基线水声定位数据的误差和改正。

3.2　能力：理解短基线与超短基线的关系，推导或开发超短基线水声定位信号分析和计算等相关算法。

（4）学会长基线水声定位技术的基本概念、原理和特点，能够分析和解决长基线水声定位技术设计等问题。

4.1　知识：掌握长基线水声定位技术的概念、原理和特点。

4.1.1　知识点：长基线水声定位技术的概念和特点。

4.1.2　知识点：长基线水声定位技术的原理和要求。

4.1.3　知识点：长基线水声定位装置的结构和设计。

4.1.4　知识点：长基线水声定位信号的分析和计算。

4.1.5　知识点：长基线水声定位数据的误差和改正。

4.2　能力：理解长基线与短基线的关系，推导或开发长基线水声定位信号分析和计算等相关算法。

（5）学会多基线组合定位技术的基本概念、原理和方法，能够分析和解决多基线组合定位技术设计等问题。

5.1　知识：掌握多基线组合定位技术的概念、原理和特点。

5.1.1　知识点：多基线组合定位技术的概念和特点。

5.1.2　知识点：多基线组合定位技术的原理和要求。

5.1.3　知识点：多基线组合定位装置的结构和设计。

5.1.4　知识点：多基线组合定位数据的分析和评价。

5.2　能力：理解单基线与多基线的关系，开发或推导多基线组合定位数据分析和计算等相关算法。

（6）分析和完成超短基线水声定位技术设计和开发，培养学生的工程思维和创新意识。

6.1　能力：分析和完成一个超短基线水声定位装置的设计和开发。

6.2　思维：了解教学要求，培养学生的工程思维和创新意识。

表 9.17 给出了本课程的教学要求与课程目标的关系。

表 9.17　教学要求与课程目标的关系

教学要求		课程目标					
		1	2	3	4	5	6
1	1.1	●					
	1.2						●
2	2.1	●				●	
	2.2		●	●			
3	3.1	●				●	
	3.2		●	●			
4	4.1	●				●	
	4.2		●	●			
5	5.1	●				●	
	5.2		●	●			
6	6.1			●	●		
	6.2		●				

6. 课程评价

课程评价是由教学要求和课程目标的评价组成的，本课程的教学要求是由平时表现、课程考试和课程设计，同时，设置不同的标准和权重的考核方式实现的，课程目标是按照与教学要求的关系分析和评价的，可见表 9.17。

表 9.18 给出了本课程教学要求的评价与考核方式。

表 9.18　教学要求的评价与考核方式

教学要求		权重配置			比例分配（%）
		平时表现	课程考试	课程设计	
1	1.1	4	2		6
	1.2	2	4		6
2	2.1	3	6	2	11
	2.2		3	1	4
3	3.1	6	11	4	21
	3.2		5	1	6
4	4.1	3	8	4	15
	4.2		4	1	5
5	5.1	2	5	5	12
	5.2		2	2	4
6	6.1			2	2
	6.2			8	8
合计		20	50	30	100

9.7　海洋光学遥感

1. 基本信息

课程代码	2270050	课程名称	海洋光学遥感	英文名称	Ocean Opitics Remote Sensing		
课程类别	专业拓展课	课程性质	选修	学时 / 学分	32/2	适用专业	海洋技术
预修课程	海洋遥感技术、海岸地形测量				同修课程	海洋微波遥感、海洋卫星测高	
参考教材	海洋遥感基础及应用，潘德炉主编，海洋出版社，2017				授课学院	海洋科学与技术学院	

2. 课程简介

本课程是海洋技术本科专业的专业选修课程，也是本专业研究生的必修课程。本课程会将学生引入一个现代的海洋光学遥感技术领域，学生不仅能够了解海洋光学遥感的对象、目的和意义，理解海洋现象与光学遥感的关系，掌握海洋光学遥感技术的基本概念、原理和方法，学会海洋光学遥感技术的设计、开发和要求，也能够将相关专业知识应用于解决复杂的海洋光学遥感技术问题。

3. 课程目标

（1）掌握海洋光学遥感技术的基本概念、原理和方法，能够解决复杂的海洋光学遥感技术等问题。

（2）能够针对复杂的海洋光学遥感技术问题，识别和表达关键环节或因素，分析和获取有效结论。

（3）能够针对特定的问题，设计和开发海洋光学遥感技术相关的模型或算法，并能体现创新意识。

（4）能够针对特定的需求，了解和选择恰当的数据和 ERDAS 等图像分析工具，并能理解其局限性。

（5）能够针对特定的要求，查阅文献，自主学习，理解和解决海洋光学遥感技术设计和开发问题。

（6）了解国内外海洋光学遥感的技术沿革，培养学生的海洋意识、家国情怀和兴学强国的使命感。

表 9.19 给出了本课程的课程目标与毕业要求的关系。

表 9.19　课程目标与毕业要求的关系

课程目标	毕业要求											
	1	2	3	4	5	6	7	8	9	10	11	12
1	●											
2		●										
3			●									
4					●							
5												●
6								●				

4. 教学内容

第 1 章　绪论

1.1　海洋光学遥感的概念
1.2　海洋光学遥感的对象、目的与方法
1.3　海洋光学遥感的分类和要求
1.4　海洋光学遥感的技术体系
1.5　与相关学科的关系
第 2 章　光学遥感成像技术
2.1　引言
2.2　光学构象方程
2.3　光学摄影成像技术
2.4　CCD 扫描成像技术
2.5　光学立体成像技术
2.6　小结
第 3 章　遥感影像数据分析
3.1　引言
3.2　遥感影像数据表示
3.3　遥感影像数据特征
3.4　遥感影像数据校正
3.5　遥感影像数据变换
3.6　小结
第 4 章　海洋环境参数反演
4.1　引言
4.2　海洋环境参数
4.3　海冰数据反演技术
4.4　海表温度反演技术
4.5　水色参数反演技术
4.6　小结
第 5 章　海洋地理要素变化监测
5.1　引言
5.2　海洋地理要素
5.3　要素与影像匹配

5.4　影像深度学习

5.5　海洋地理要素变化监测

5.6　小结

5. 教学要求

（1）熟悉海洋光学遥感技术的基本概念和技术体系，培养学生的海洋意识和家国情怀。

1.1　知识：海洋光学遥感技术的概念、分类、特点、对象、目的、方法和要求等。

1.2　品格：了解海洋光学遥感技术的意义和沿革，培养学生的兴学强国的使命感。

（2）学会光学遥感成像技术的基本概念、原理和特点，能够分析和解决光学遥感成像技术机理等问题。

2.1　知识：掌握光学遥感成像技术的基本概念、原理和特点。

2.1.1　知识点：光学构象方程的概念和特性。

2.1.2　知识点：光学摄影成像的原理和特点。

2.1.3　知识点：CCD 扫描成像的原理和特点。

2.1.4　知识点：光学立体成像的原理和特点。

2.2　能力：理解被摄目标与影像的关系，推导或开发线状 CCD 扫描成像技术等相关算法。

（3）学会光学遥感数据分析的基本概念、原理和方法，能够分析和解决光学遥感数据分析评价等问题。

3.1　知识：掌握光学遥感数据分析的基本概念、原理和方法。

3.1.1　知识点：光学遥感数据的获取、表示和特点。

3.1.2　知识点：光学遥感数据的空间和光谱特征。

3.1.3　知识点：光学遥感数据的大气和辐射校正。

3.1.4　知识点：光学遥感数据的几何纠正和量测。

3.1.5　知识点：光学遥感数据的空间和频域变换和分析。

3.2　能力：理解空间与频域特征的关系，推导或开发光学遥感数据量测和变换等相关算法。

（4）学会海洋环境参数反演的基本概念、原理和方法，能够分析和解决海洋环境参数反演技术等问题。

4.1　知识：掌握海洋环境参数反演的基本概念、原理和方法。

4.1.1　知识点：海洋遥感数据的大气、辐射和几何校正。

4.1.2　知识点：海洋表面温度反演模型的设计和计算。

4.1.3　知识点：海洋水色参数反演模型的设计和计算。

4.1.4　知识点：海洋环境参数反演的误差分析和评价。

4.2　能力：理解多光谱与红外数据的关系，推导或开发海洋环境参数反演和评价等相关算法。

（5）学会海洋地理要素的基本概念、原理和方法，能够分析和解决海洋地理要素变化监测技术等问题。

5.1　知识：掌握海洋地理要素变化监测的概念、原理和特点。

5.1.1　知识点：海洋地理要素的概念和表示。

5.1.2　知识点：要素与影像匹配模型的设计。

5.1.3　知识点：影像自动标识算法的设计。

5.1.4　知识点：影像深度学习算法的调试。

5.1.5　知识点：海洋地理要素变化的分析、识别与评价。

5.2　能力：理解图形与图像数据的关系，开发或推导要素与影像自动匹配和标识等相关算法。

（6）分析和完成海洋环境参数反演模型的设计和开发，培养学生的工程思维和创新意识。

6.1　能力：分析和完成一个水色或温度反演模型的设计和开发。

6.2　思维：了解教学要求，培养学生的工程思维和创新意识。

表 9.20 给出了本课程的教学要求与课程目标的关系。

表 9.20　教学要求与课程目标的关系

教学要求		课程目标					
		1	2	3	4	5	6
1	1.1	●					
	1.2						●

续表

教学要求		课程目标					
		1	2	3	4	5	6
2	2.1	●				●	
	2.2		●	●			
3	3.1	●				●	
	3.2		●	●			
4	4.1	●				●	
	4.2		●	●			
5	5.1	●				●	
	5.2		●	●			
6	6.1			●	●		
	6.2		●				

6. 课程评价

课程评价是由教学要求和课程目标的评价组成的，本课程的教学要求是由平时表现、课程考试和课程设计，同时，设置不同的标准和权重的考核方式实现的，课程目标是按照与教学要求的关系分析和评价的，可见表 9.20。

表 9.21 给出了本课程教学要求的评价与考核方式。

表 9.21　教学要求的评价与考核方式

教学要求		权重配置			比例分配（%）
		平时表现	课程考试	课程设计	
1	1.1	4	2		6
	1.2	2	4		6
2	2.1	3	6	2	11
	2.2		3	1	4
3	3.1	6	11	4	21
	3.2		5	1	6

续表

教学要求		权重配置			比例分配（%）
		平时表现	课程考试	课程设计	
4	4.1	3	8	4	15
	4.2		4	1	5
5	5.1	2	5	5	12
	5.2		2	2	4
6	6.1			2	2
	6.2			8	8
合计		20	50	30	100

9.8　海洋微波遥感

1. 课程基本信息

课程代码	2270049	课程名称	海洋微波遥感	英文名称	Ocean Microwave Remote Sensing		
课程类别	专业拓展课	课程性质	选修	学时 / 学分	32/2	适用专业	海洋技术
预修课程	海洋遥感技术、海岸地形测量				同修课程	海洋微波遥感、海洋卫星测高	
参考教材	被动式海洋微波遥感研究进展，维吉多 · 瑞兹著，国防工业出版社，2019				授课学院	海洋科学与技术学院	

2. 课程简介

本课程是海洋技术本科专业的专业选修课程，也是本专业研究生的必修课程。本课程会将学生引入一个核心的海洋微波遥感技术领域，学生不仅能够了解海洋微波遥感的对象、目的和意义，理解海洋现象与微波遥感的关系，掌握海洋微波遥感技术的基本概念、原理和方法，学会海洋微波遥感技术的设计、开发和要求，也能够将相关专业知识应用于解决复杂的海洋微波遥感技术问题。

3. 课程目标

（1）掌握海洋微波遥感技术的基本概念、原理和方法，能够解决复杂的海洋微波遥感技术问题。

（2）能够针对复杂的微波遥感技术问题，识别和表达关键的环节或因素，分析和获取有效结论。

（3）能够针对特定的问题，设计和开发与海洋微波技术相关的模型或算法，并能体现创新意识。

（4）能够针对特定的要求，了解和选择恰当的数据和影像数据分析等工具，并能理解其局限性。

（5）能够针对特定的需求，查阅文献，自主学习，理解和解决海洋微波技术的设计和开发问题。

（6）了解国内外海洋光学遥感技术沿革，培养学生的海洋意识、家国情怀和兴学强国的使命感。

表 9.22 给出了本课程的课程目标与毕业要求的关系。

表 9.22　课程目标与毕业要求的关系

课程目标	毕业要求											
	1	2	3	4	5	6	7	8	9	10	11	12
1	●											
2		●										
3			●									
4					●							
5												●
6								●				

4. 教学内容

第 1 章　绪论

1.1　海洋微波遥感的概念

1.2　海洋微波遥感的对象、目的与方法

1.3　海洋微波遥感的分类和要求

1.4　海洋微波遥感技术体系

1.5　与相关学科的关系

第 2 章　海洋微波辐射特性
2.1　引言
2.2　微波探测机制
2.3　海水的介电特性
2.4　海面的微波特性
2.5　大气的微波特性
2.6　小结
第 3 章　海洋微波探测仪器
3.1　引言
3.2　微波散射计
3.3　微波辐射计
3.4　合成孔径雷达
3.5　雷达干涉测量
3.6　小结
第 4 章　海洋微波数据分析
4.1　引言
4.2　海洋微波数据表示
4.3　海洋微波数据特征
4.4　海洋微波数据量测
4.5　海洋微波数据变换
4.6　小结
第 5 章　海洋微波遥感技术实践
5.1　引言
5.2　波浪微波探测技术
5.3　温盐异常监测技术
5.4　船舶尾流探测技术
5.5　移动目标监测技术
5.6　小结

5. 教学要求

（1）熟悉海洋微波遥感技术的基本概念和技术体系，培养学生的海洋意识和家国情怀。

1.1 知识：海洋微波遥感技术的概念、分类、特点、对象、目的、方法和要求等。

1.2 品格：了解海洋微波遥感技术的意义和沿革，培养学生兴学强国的使命感。

（2）学会海洋微波特性的基本概念、原理和特点，能够分析和解决海洋微波探测机制和机理等问题。

2.1 知识：掌握海洋微波辐射的基本概念、机理和特性。

2.1.1 知识点：微波辐射的概念和特性。

2.1.2 知识点：天线和微波探测的机制。

2.1.3 知识点：海水的微波特性和机理。

2.1.4 知识点：海面的微波特性和机理。

2.1.5 知识点：大气的微波特性和机理。

2.2 能力：理解海洋现象与微波辐射的关系，推导或开发海洋微波特性分析等相关算法。

（3）学会微波探测仪器的基本原理、结构和特点，能够分析和解决海洋微波探测仪器设计等问题。

3.1 知识：掌握海洋微波探测仪器的基本原理、结构和特点。

3.1.1 知识点：微波探测仪器的原理和特点。

3.1.2 知识点：微波散射计的结构和要求。

3.1.3 知识点：微波辐射计的结构和要求。

3.1.4 知识点：合成孔径雷达的结构和要求。

3.1.5 知识点：微波干涉测量的原理和特点。

3.2 能力：理解主动与被动微波探测的关系，推导或开发雷达或干涉测量技术等相关算法。

（4）学会海洋微波数据分析的基本概念、原理和方法，能够分析和解决海洋微波数据分析等问题。

4.1 知识：掌握海洋微波数据分析的基本概念、原理和方法。

4.1.1 知识点：微波数据的获取、表示和释义。

4.1.2 知识点：微波数据的空间和纹理特征。

4.1.3　知识点：微波影像的空间和大气校正。

4.1.4　知识点：微波影像目标的特征和量测。

4.1.5　知识点：微波数据的空间和频域变换和分析。

4.2　能力：理解空间与频域特征的关系，推导或开发海洋微波数据量测和变换等相关算法。

（5）学会海洋微波探测的基本概念、原理和方法，能够分析和解决海洋环境微波探测技术等问题。

5.1　知识：掌握海洋微波探测的概念、原理和特点。

5.1.1　知识点：海洋微波探测的概念和特点。

5.1.2　知识点：海洋微波探测的原理的要求。

5.1.3　知识点：波浪探测模型的设计和计算。

5.1.4　知识点：温盐探测模型的设计和计算。

5.1.5　知识点：海上移动目标的探测和跟踪。

5.2　能力：理解海洋环境与目标的关系，开发或推导海洋环境参数微波探测技术等相关算法。

（6）分析和完成海洋参数或目标探测技术设计和开发，培养学生的工程思维和创新意识。

6.1　能力：分析和完成一个波浪或船舶尾流探测技术设计和开发。

6.2　思维：了解教学要求，培养学生的工程思维和创新意识。

表 9.23 给出了本课程的教学要求与课程目标的关系。

表 9.23　教学要求与课程目标的关系

教学要求		课程目标					
		1	2	3	4	5	6
1	1.1	●					
	1.2						●
2	2.1	●				●	
	2.2		●	●			
3	3.1	●				●	
	3.2		●	●			

续表

教学要求		课程目标					
		1	2	3	4	5	6
4	4.1	●				●	
	4.2		●	●			
5	5.1	●				●	
	5.2		●	●			
6	6.1			●	●		
	6.2		●				

6. 课程评价

课程评价是由教学要求和课程目标的评价组成的，本课程的教学要求是由平时表现、课程考试和课程设计，同时，设置不同的标准和权重的考核方式实现的，课程目标是按照与教学要求的关系分析和评价的，可见表 9.23。

表 9.24 给出了本课程教学要求的评价与考核方式。

表 9.24　教学要求的评价与考核方式

教学要求		权重配置			比例分配（%）
		平时表现	课程考试	课程设计	
1	1.1	4	2		6
	1.2	2	4		6
2	2.1	3	6	2	11
	2.2		3	1	4
3	3.1	6	11	4	21
	3.2		5	1	6
4	4.1	3	8	4	15
	4.2		4	1	5
5	5.1	2	5	5	12
	5.2		2	2	4

续表

<table>
<tr><td colspan="2" rowspan="2">教学要求</td><td colspan="3">权重配置</td><td rowspan="2">比例分配（%）</td></tr>
<tr><td>平时表现</td><td>课程考试</td><td>课程设计</td></tr>
<tr><td rowspan="2">6</td><td>6.1</td><td></td><td></td><td>2</td><td>2</td></tr>
<tr><td>6.2</td><td></td><td></td><td>8</td><td>8</td></tr>
<tr><td colspan="2">合计</td><td>20</td><td>50</td><td>30</td><td>100</td></tr>
</table>

9.9　海洋卫星测高

1. 基本信息

<table>
<tr><td>课程代码</td><td>2270098</td><td>课程名称</td><td>海洋卫星测高</td><td>英文名称</td><td colspan="3">Ocean Satellite Altimetry</td></tr>
<tr><td>课程类别</td><td>专业拓展课</td><td>课程性质</td><td>选修</td><td>学时 / 学分</td><td>32/2</td><td>适用专业</td><td>海洋技术</td></tr>
<tr><td>预修课程</td><td colspan="4">海洋遥感技术</td><td>同修课程</td><td colspan="2">海洋光学遥感、海洋微波遥感</td></tr>
<tr><td>参考教材</td><td colspan="4">海洋遥感导论，Seelye Martin 著，海洋出版社，2008</td><td>授课学院</td><td colspan="2">海洋科学与技术学院</td></tr>
</table>

2. 课程简介

本课程是海洋技术本科专业的专业选修课程，也是本专业研究生的必修课程。本课程会将学生引入一个特色的海洋卫星测高技术领域，学生不仅能够了解海洋卫星测高的对象、目的和意义，理解海面变化与卫星测高的关系，掌握海洋卫星测高技术的基本概念、原理和方法，学会海洋卫星测高技术的设计、开发和要求，也能够将相关专业知识应用于解决复杂的海洋卫星测高技术问题。

3. 课程目标

（1）掌握海洋卫星测高技术的基本概念、原理和方法，能够解决复杂的海洋卫星测高技术等问题。

（2）能够针对复杂的海洋卫星测高技术问题，识别和表达关键环节或因素，分析和获取有效结论。

（3）能够针对特定的问题，设计和开发海洋光学微波技术相关的模型或算法，并能体现创新意识。

（4）能够针对特定的需求，了解和选择恰当的测高数据和 Matlab 仿真等工具，并能理解其局限性。

（5）能够针对特定的要求，查阅文献，自主学习，理解和解决海洋卫星测高技术设计和开发问题。

（6）了解国内外海洋卫星测高技术的沿革，培养学生的海洋意识、家国情怀和兴学强国的使命感。

表 9.25 给出了本课程的课程目标与毕业要求的关系。

表 9.25　课程目标与毕业要求的关系

课程目标	毕业要求											
	1	2	3	4	5	6	7	8	9	10	11	12
1	●											
2		●										
3			●									
4					●							
5												●
6								●				

4. 教学内容

第 1 章　绪论

1.1　海洋卫星测高的概念

1.2　海洋卫星测高的对象、目的与方法

1.3　海洋卫星测高的分类和要求

1.4　海洋卫星测高技术体系

1.5　与相关学科的关系

第 2 章　海洋卫星测高原理

2.1　引言

2.2　时空参照系

2.3　卫星轨道

2.4　电离层
2.5　海上标校
2.6　小结
第 3 章　卫星高度计
3.1　引言
3.2　高度计的结构
3.3　脉冲回波特性
3.4　海洋环境影响
3.5　小结
第 4 章　测高数据误差分析
4.1　引言
4.2　高度计噪声
4.3　大气误差
4.4　海洋误差
4.5　卫星轨道误差
4.6　小结
第 5 章　海面高度变化监测
5.1　引言
5.2　卫星测高数据表示
5.3　卫星测高数据同化
5.4　海面高度变化预测
5.5　小结

5. 教学要求

（1）熟悉海洋卫星测高技术的基本概念和技术体系，培养学生的海洋意识和家国情怀。

1.1　知识：海洋卫星测高技术的概念、分类、特点、对象、目的、方法和要求等。

1.2　品格：了解海洋卫星测高技术的意义和沿革，培养学生的兴学强国的使命感。

（2）学会海洋卫星测高的基本概念、原理和特点，能够分析和解决海洋卫星测高机理问题。

2.1 知识：掌握海洋卫星测高的基本概念、原理和特点。

2.1.1 知识点：时空参照系的概念和关系。

2.1.2 知识点：高度计轨道参数和特性。

2.1.3 知识点：电离层的结构和影响。

2.1.4 知识点：海上标校的内容和设计。

2.1.5 知识点：海洋卫星测高的空间结构。

2.2 能力：理解卫星轨道与海面的关系，推导或开发海洋海洋卫星测高的空间结构等相关算法。

（3）学会卫星高度计的基本概念、原理和特点，能够分析和解决卫星高度计的设计等问题。

3.1 知识：掌握卫星高度计的基本概念、原理和特点。

3.1.1 知识点：卫星高度计的概念和特点。

3.1.2 知识点：卫星高度计的原理和分类。

3.1.3 知识点：高度计回波特性的分析。

3.1.4 知识点：海洋环境对高度计的影响。

3.1.5 知识点：卫星高度计的结构与设计。

3.2 能力：理解高度计回波与海洋的关系，推导或开发海洋卫星高度计的技术设计等相关算法。

（4）学会测高数据误差分析的基本概念、原理和方法，能够分析和解决测高数据质量等问题。

4.1 知识：掌握测高数据误差分析的基本概念、原理和方法。

4.1.1 知识点：测高数据误差的来源和特点。

4.1.2 知识点：高度计噪声的分析和评价。

4.1.3 知识点：大气和海洋误差分析和评价。

4.1.4 知识点：卫星轨道误差分析和评价。

4.1.5 知识点：卫星测高数据误差模型和计算。

4.2 能力：理解设备与环境误差的关系，推导或开发卫星测高数据误差模型和计算等相关算法。

（5）学会海面高度变化监测的基本概念、原理和方法，能够分析和解决海面变化监测技术问题。

5.1　知识：掌握海面高度变化监测的概念、原理和方法。

5.1.1　知识点：海面高度变化监测的概念和特点。

5.1.2　知识点：卫星测高数据的结构和读取。

5.1.3　知识点：卫星测高数据误差分析和评价。

5.1.4　知识点：卫星测高和水位观测数据同化。

5.1.5　知识点：海面高度变化预测模型的设计和评价。

5.2　能力：理解水位观测与测高数据的关系，开发或推导海面高度变化预测和评价等相关算法。

（6）分析和完成卫星测高数据同化模型的设计和开发，培养学生的工程思维和创新意识。

6.1　能力：分析和完成一个测高数据与水位观测同化模型的设计和开发。

6.2　思维：了解教学要求，培养学生的工程思维和创新意识。

表 9.26 给出了本课程的教学要求与课程目标的关系。

表 9.26　教学要求与课程目标的关系

教学要求		课程目标					
		1	2	3	4	5	6
1	1.1	●					
	1.2						●
2	2.1	●				●	
	2.2		●	●			
3	3.1	●				●	
	3.2		●	●			
4	4.1	●				●	
	4.2		●	●			
5	5.1	●				●	
	5.2		●	●			
6	6.1			●	●		
	6.2		●				

6. 课程评价

课程评价是由教学要求和课程目标的评价组成的，本课程的教学要求是由平时表现、课程考试和课程设计，同时，设置不同的标准和权重的考核方式实现的，课程目标是按照与教学要求的关系分析和评价的，可见表 9.26。

表 9.27 给出了本课程教学要求的评价与考核方式。

表 9.27 教学要求的评价与考核方式

<table>
<tr><th colspan="2" rowspan="2">教学要求</th><th colspan="3">权重配置</th><th rowspan="2">比例分配（%）</th></tr>
<tr><th>平时表现</th><th>课程考试</th><th>课程设计</th></tr>
<tr><td rowspan="2">1</td><td>1.1</td><td>4</td><td>2</td><td></td><td>6</td></tr>
<tr><td>1.2</td><td>2</td><td>4</td><td></td><td>6</td></tr>
<tr><td rowspan="2">2</td><td>2.1</td><td>3</td><td>6</td><td>2</td><td>11</td></tr>
<tr><td>2.2</td><td></td><td>3</td><td>1</td><td>4</td></tr>
<tr><td rowspan="2">3</td><td>3.1</td><td>6</td><td>11</td><td>4</td><td>21</td></tr>
<tr><td>3.2</td><td></td><td>5</td><td>1</td><td>6</td></tr>
<tr><td rowspan="2">4</td><td>4.1</td><td>3</td><td>8</td><td>4</td><td>15</td></tr>
<tr><td>4.2</td><td></td><td>4</td><td>1</td><td>5</td></tr>
<tr><td rowspan="2">5</td><td>5.1</td><td>2</td><td>5</td><td>5</td><td>12</td></tr>
<tr><td>5.2</td><td></td><td>2</td><td>2</td><td>4</td></tr>
<tr><td rowspan="2">6</td><td>6.1</td><td></td><td></td><td>2</td><td>2</td></tr>
<tr><td>6.2</td><td></td><td></td><td>8</td><td>8</td></tr>
<tr><td colspan="2">合计</td><td>20</td><td>50</td><td>30</td><td>100</td></tr>
</table>

9.10 海洋气象观测

1. 基本信息

<table>
<tr><td>课程代码</td><td>2270014</td><td>课程名称</td><td>海洋气象观测</td><td>英文名称</td><td colspan="3">Marine Meteorological Observations</td></tr>
<tr><td>课程类别</td><td>专业拓展课</td><td>课程性质</td><td>选修</td><td>学时 / 学分</td><td>32/2</td><td>适用专业</td><td>海洋技术</td></tr>
<tr><td>预修课程</td><td colspan="4">海底地形测量、海洋水文观测</td><td>同修课程</td><td colspan="2">海洋环境监测、海洋地质测量</td></tr>
<tr><td>参考教材</td><td colspan="4">海洋气象学，周静亚等编著，气象出版社，1994</td><td>授课学院</td><td colspan="2">海洋科学与技术学院</td></tr>
</table>

2. 课程简介

本课程是海洋技术本科专业的专业选修课程，也是本专业研究生的必修课程。本课程会将学生引入一个风起云涌的海洋世界，学生不仅能够了解海洋气象观测的对象、目的和意义，理解大气与海洋的关系，掌握海洋气象观测的基本概念、原理和方法，学会海洋气象观测技术的设计、质量控制、数据表示和要求，也能够将相关专业知识应用于解决复杂的海洋气象观测技术问题。

3. 课程目标

（1）掌握海洋水文观测的基本概念、原理和方法，能够分析和解决复杂的海洋气象观测技术等问题。

（2）能够针对复杂的海洋气象观测技术问题，识别和表达关键的环节或因素，分析和获取有效结论。

（3）能够针对特定的需求，设计和开发与海洋气象观测技术相关的模型或算法，并能体现创新意识。

（4）能够针对特定的要求，了解和选择恰当的地面、海上等海洋气象观测工具，并能理解其局限性。

（5）能够针对特定的问题，查阅文献，自主学习，提出和解决海洋气象观测技术或工程等相关问题。

（6）了解国内外海洋气象观测相关技术沿革，培养学生的海洋意识、家国情怀和兴学强国的使命感。

表 9.28 给出了本课程的课程目标与毕业要求的关系。

表 9.28　课程目标与毕业要求的关系

课程目标	毕业要求											
	1	2	3	4	5	6	7	8	9	10	11	12
1	●											
2		●										
3			●									
4					●							
5												●
6								●				

4. 教学内容

第 1 章　绪论

1.1　海洋气象观测的概念

1.2　海洋气象观测的对象、目的与方法

1.3　海洋气象观测的内容与要求

1.4　海洋气象观测的技术体系

1.5　与相关学科的关系

第 2 章　风和气压观测

2.1　引言

2.2　观测要素

2.3　观测仪器和方法

2.4　程序和要求

2.5　数据分析和评价

2.6　小结

第 3 章　湿度和温度观测

3.1　引言

3.2　观测要素

3.3　观测仪器和方法

3.4　程序和要求

3.5　数据分析和评价

3.6　小结

第 4 章　云和降水观测

4.1　引言

4.2　观测要素

4.3　观测仪器和方法

4.4　程序和要求

4.5　数据分析和评价

4.6　小结

第 5 章　雾和能见度观测

5.1　引言

5.2　观测要素

5.3　观测仪器和方法

5.4　程序和要求

5.5　数据分析和评价

5.6　小结

第 6 章　海洋气象观测工程实践

6.1　引言

6.2　技术设计

6.3　外业观测

6.4　数据分析和评价

6.5　小结

5. 教学要求

（1）熟悉海洋气象观测的基本概念和技术体系，培养学生的海洋意识和家国情怀。

1.1　知识：海洋气象观测的定义、特点、对象、目的、方法、技术体系和要求等。

1.2　品格：了解海洋气象观测的意义和技术沿革，培养学生的兴学强国的使命感。

（2）学会风和压力观测的基本概念、原理与方法，能够分析和解决风和压力观测技术问题。

2.1　知识：掌握风和压力观测的基本概念、原理和方法。

2.1.1　知识点：风和压力要素的概念和表示。

2.1.2　知识点：风和压力观测的方法和要求。

2.1.3　知识点：风和压力观测的仪器和指标。

2.1.4　知识点：风和压力观测的设计和程序。

2.1.5　知识点：风和压力观测的误差和质量控制。

2.1.6　知识点：风和压力观测的数据分析和评价。

2.2　能力：理解风和压力变化的机理，开发或推导风和压力观测的设计和评价等相关算法。

（3）学会湿度和温度观测的主要概念、原理与方法，能够分析和解决湿度和温度观测技术问题。

3.1　知识：掌握湿度和温度观测的基本概念、原理和方法。

3.1.1　知识点：湿度和温度要素的概念和表示。

3.1.2　知识点：湿度和温度观测的方法和要求。

3.1.3　知识点：湿度和温度观测的仪器和指标。

3.1.4　知识点：湿度和温度观测的设计和程序。

3.1.5　知识点：湿度和温度观测的误差和质量控制。

3.1.6　知识点：湿度和温度观测的数据分析和评价。

3.2　能力：理解湿度和温度变化的机理，开发或推导湿度和温度观测的设计和评价等相关算法。

（4）学会云和降水观测的主要概念、原理与方法，能够分析和解决云和降水观测技术问题。

4.1　知识：掌握云和降水观测的基本概念、原理和方法。

4.1.1　知识点：云和降水要素的概念和表示。

4.1.2　知识点：云和降水观测的方法和要求。

4.1.3　知识点：云和降水观测的仪器和指标。

4.1.4　知识点：云和降水观测的设计和程序。

4.1.5　知识点：云和降水观测的误差和质量控制。

4.1.6　知识点：云和降水观测的数据分析和评价。

4.2　能力：理解云和降水变化的机理，开发或推导云和降水观测的设计和评价等相关算法。

（5）学会雾和能见度观测的主要概念、原理与方法，能够分析和解决雾和能见度观测技术问题。

5.1　知识：掌握雾和能见度观测的基本概念、原理和方法。

5.1.1　知识点：雾和能见度要素的概念和表示。

5.1.2　知识点：雾和能见度观测的方法和要求。

5.1.3　知识点：雾和能见度观测的仪器和指标。

5.1.4　知识点：雾和能见度观测的设计和程序。

5.1.5　知识点：雾和能见度观测的误差和质量控制。

5.1.6　知识点：雾和能见度观测的数据分析和评价。

5.2　能力：理解雾和能见度变化的机理，开发或推导雾和能见度观测的设计和评价等相关算法。

（6）分析和完成海洋气象观测技术设计，培养学生的工程思维和创新意识。

6.1　能力：分析和完成一个船载海洋气象观测技术设计和开发。

6.2　思维：了解教学要求，培养学生的工程思维和创新意识。

表 9.29 给出了本课程的教学要求与课程目标的关系。

表 9.29　教学要求与课程目标的关系

教学要求		课程目标					
		1	2	3	4	5	6
1	1.1	●					
	1.2						●
2	2.1	●				●	
	2.2		●	●			
3	3.1	●				●	
	3.2		●	●			
4	4.1	●				●	
	4.2		●	●			
5	5.1	●				●	
	5.2		●	●			
6	6.1			●	●		
	6.2		●				

6. 课程评价

课程评价是由教学要求和课程目标的评价组成的，本课程的教学要求是由平时表现、课程考试和课程设计，同时，设置不同的标准和权重的考核方式实现的，课程目标是按照与教学要求的关系分析和评价的，可见表 9.29。

表 9.30 给出了本课程教学要求的评价与考核方式。

表 9.30 教学要求的评价与考核方式

教学要求		权重配置			比例分配（%）
		平时表现	课程考试	课程设计	
1	1.1	4	2		6
	1.2	2	6		8
2	2.1	4	12	2	18
	2.2		3	1	4
3	3.1	3	6	4	13
	3.2		3	1	4
4	4.1	3	6	4	13
	4.2		3	1	4
5	5.1	4	7	5	16
	5.2		2	2	4
6	6.1			2	2
	6.2			8	8
合计		20	50	30	100

9.11 海洋地质测量

1. 基本信息

课程代码	2270119	课程名称	海洋地质测量	英文名称	Marine Geological Surveying		
课程类别	专业拓展课	课程性质	选修	学时 / 学分	32/2	适用专业	海洋技术
预修课程	海底地形测量、海洋水文观测				同修课程	海洋气象观测、海洋环境监测	
参考教材	海洋地质调查技术，张训华等编著，海洋出版社，2017				授课学院	海洋科学与技术学院	

2. 课程简介

本课程是海洋技术本科专业的专业选修课程，也是本专业研究生的必修课程。本课程会将学生引入一个神秘莫测的海底世界，学生不仅能够了解海洋地质测量的对象、目的和意义，理解地质与海洋的关系，掌握海洋地质测量的基本概念、原理和方法，学会海洋地质测量技术的设计、质量控制、数据表示和要求，也能够将相关专业知识应用于解决复杂的海洋地质测量技术问题。

3. 课程目标

（1）掌握海洋地质测量的基本概念、原理和方法，能够分析和解决复杂的海洋地质测量技术等问题。

（2）能够针对复杂的海洋地质测量技术问题，识别和表达关键的环节或因素，分析和获取有效结论。

（3）能够针对特定的需求，设计和开发与海洋地质测量技术相关的模型或算法，并能体现创新意识。

（4）能够针对特定的要求，了解和选择恰当的底质、磁力等海洋地质测量工具，并能理解其局限性。

（5）能够针对特定的问题，查阅文献，自主学习，提出和解决海洋气象观测技术或工程等相关问题。

（6）了解国内外海洋气象观测相关技术沿革，培养学生的海洋意识、家国情怀和兴学强国的使命感。

表 9.31 给出了本课程的课程目标与毕业要求的关系。

表 9.31　课程目标与毕业要求的关系

课程目标	毕业要求											
	1	2	3	4	5	6	7	8	9	10	11	12
1	●											
2		●										
3			●									
4					●							
5												●
6								●				

4. 教学内容

第 1 章　绪论

1.1　海洋地质测量的概念

1.2 海洋地质测量的对象、目的与方法
1.3 海洋地质测量的内容与要求
1.4 海洋地质测量的技术体系
1.5 与相关学科的关系
1.6 小结
第 2 章 海洋底质测量
2.1 引言
2.2 底质要素
2.3 测量仪器和方法
2.4 程序和要求
2.5 样品的分析
2.6 数据分析和评价
2.7 小结
第 3 章 海洋地震测量
3.1 引言
3.2 地震要素
3.3 测量仪器和方法
3.4 程序和要求
3.5 数据分析和评价
3.6 小结
第 4 章 海洋重力测量
4.1 引言
4.2 重力要素
4.3 测量仪器和方法
4.4 程序和要求
4.5 数据分析和评价
4.6 小结
第 5 章 海洋磁力测量
5.1 引言
5.2 磁力要素

5.3　测量仪器和方法

5.4　程序和要求

5.5　数据分析和评价

5.6　小结

第 6 章　海洋地质测量工程实践

6.1　引言

6.2　技术设计

6.3　外业测量

6.4　数据分析和评价

6.5　小结

5. 教学要求

（1）熟悉海洋地质测量的基本概念和技术体系，培养学生的海洋意识和家国情怀。

1.1　知识：海洋地质测量的定义、特点、对象、目的、方法、技术体系和要求等。

1.2　品格：了解海洋地质测量的意义和技术沿革，培养学生兴学强国的使命感。

（2）学会海洋底质测量的基本概念、原理与方法，能够分析和解决海洋底质测量技术问题。

2.1　知识：掌握海洋底质测量的基本概念、原理和方法。

2.1.1　知识点：海洋底质要素的概念和表示。

2.1.2　知识点：底质采样的设计、程序和要求。

2.1.3　知识点：底质样品的分析、评价和表示。

2.1.4　知识点：浅地层剖面测量的设计和要求。

2.1.5　知识点：浅地层剖面测量误差和质量控制。

2.1.6　知识点：浅地层剖面测量数据分类和表示。

2.2　能力：理解海洋底质与地层的关系，开发或推导海洋底质数据的分析和表示等相关算法。

（3）学会海洋地震测量的主要概念、原理与方法，能够分析和解决海洋地震测量技术问题。

3.1　知识：掌握海洋地震测量的基本概念、原理和方法。

3.1.1　知识点：海洋地震要素的概念和表示。

3.1.2　知识点：海洋地震测量的方法和要求。

3.1.3　知识点：海洋地震测量的仪器和指标。

3.1.4　知识点：海洋地震测量的设计和程序。

3.1.5　知识点：海洋地震测量的误差和质量控制。

3.1.6　知识点：海洋地震数据的分析和地层划分。

3.2　能力：理解海洋地层与地声的关系，开发或推导海洋地震数据分析和地层划分等相关算法。

（4）学会海洋重力测量的主要概念、原理与方法，能够分析和解决海洋重力测量技术问题。

4.1　知识：掌握海洋重力测量的基本概念、原理和方法。

4.1.1　知识点：海洋重力要素的概念和表示。

4.1.2　知识点：海洋重力测量的方法和要求。

4.1.3　知识点：海洋重力测量的仪器和指标。

4.1.4　知识点：海洋重力测量的设计和程序。

4.1.5　知识点：海洋重力测量的误差和质量控制。

4.1.6　知识点：海洋重力测量的数据计算和评价。

4.2　能力：理解海洋重力与重力异常的关系，开发或推导海洋重力测量的设计和计算等相关算法。

（5）学会海洋磁力测量的主要概念、原理与方法，能够分析和解决海洋磁力测量技术问题。

5.1　知识：掌握海洋磁力测量的基本概念、原理和方法。

5.1.1　知识点：海洋磁力要素的概念和表示。

5.1.2　知识点：海洋磁力测量的方法和要求。

5.1.3　知识点：海洋磁力测量的仪器和指标。

5.1.4　知识点：海洋磁力测量的设计和程序。

5.1.5　知识点：海洋磁力测量的误差和质量控制。

5.1.6　知识点：海洋磁力测量的数据计算和评价。

5.2　能力：理解海洋磁力与磁力异常的关系，开发或推导海洋磁力测量的设计和计算等相关算法。

（6）分析和完成海洋地质测量技术设计，培养学生的工程思维和创新意识。

6.1　能力：分析和完成一个船载海洋气象观测技术的设计和开发。

6.2　思维：了解教学要求，培养学生的工程思维和创新意识。

表 9.32 给出了本课程的教学要求与课程目标的关系。

表 9.32　教学要求与课程目标的关系

教学要求		课程目标					
		1	2	3	4	5	6
1	1.1	●					
	1.2						●
2	2.1	●				●	
	2.2		●	●			
3	3.1	●				●	
	3.2		●	●			
4	4.1	●				●	
	4.2		●	●			
5	5.1	●				●	
	5.2		●	●			
6	6.1			●	●		
	6.2		●				

6. 课程评价

课程评价是由教学要求和课程目标的评价组成的，本课程的教学要求是由平时表现、课程考试和课程设计，同时，设置不同的标准和权重的考核方式实现的，课程目标是按照与教学要求的关系分析和评价的，可见表 9.32。

表 9.33 给出了本课程教学要求的评价与考核方式。

表 9.33 教学要求的评价与考核方式

教学要求		权重配置			比例分配（%）
		平时表现	课程考试	课程设计	
1	1.1	4	2		6
	1.2	2	6		8
2	2.1	4	8	4	16
	2.2		3	1	4
3	3.1	3	8	4	15
	3.2		3	1	4
4	4.1	3	8	4	15
	4.2		3	1	4
5	5.1	4	7	3	14
	5.2		2	2	4
6	6.1			2	2
	6.2			8	8
合计		20	50	30	100

9.12 海洋环境监测

1. 基本信息

课程代码	2270052	课程名称	海洋环境监测	英文名称	Marine GIS Engineering		
课程类别	专业拓展课	课程性质	选修	学时 / 学分	32/2	适用专业	海洋技术
预修课程	海底地形测量、海洋水文观测				同修课程	海洋地质测量、海洋气象观测	
参考教材	海洋环境分析监测技术，陈令新等编著，科学出版社，2018				授课学院	海洋科学与技术学院	

2. 课程简介

本课程是海洋技术本科专业的专业选修课程，也是本专业研究生的必修课程。本课程会将学生引入一个多姿多彩的海洋世界，学生不仅能够了解海洋环境监测的对象、目的和意义，理解环境与海洋的关系，掌握海洋环境监测的基本概念、原理和方法，学会海洋环境监测技术的设计、质量控制、数据表示和要求，也能够将相关专业知识应用于解决复杂的海洋环境监测技术问题。

3. 课程目标

（1）掌握海洋环境监测的基本概念、原理和方法，能够分析和解决复杂的海洋环境监测技术等问题。

（2）能够针对复杂的海洋环境监测技术问题，识别和表达关键的环节或因素，分析和获取有效结论。

（3）能够针对特定的需求，设计和开发与海洋环境监测技术相关的模型或算法，并能体现创新意识。

（4）能够针对特定的要求，了解和选择恰当的理化、生物等海洋环境监测工具，并能理解其局限性。

（5）能够针对特定的问题，查阅文献，自主学习，提出和解决海洋环境监测技术或工程等相关问题。

（6）了解国内外海洋环境监测相关技术沿革，培养学生的海洋意识、家国情怀和兴学强国的使命感。

表 9.34 给出了本课程的课程目标与毕业要求的关系。

表 9.34　课程目标与毕业要求的关系

课程目标	毕业要求											
	1	2	3	4	5	6	7	8	9	10	11	12
1	●											
2		●										
3			●									
4					●							
5												●
6								●				

4. 教学内容

第 1 章　绪论

1.1　海洋环境监测的概念

1.2　海洋环境监测的对象、目的与方法
1.3　海洋环境监测的内容与要求
1.4　海洋环境监测的技术体系
1.5　与相关学科的关系
1.6　小结
第 2 章　海洋理化监测
2.1　引言
2.2　理化要素
2.3　监测仪器和方法
2.4　程序和要求
2.5　数据分析和评价
2.6　小结
第 3 章　海洋生物监测
3.1　引言
3.2　生物要素
3.3　监测仪器和方法
3.4　程序和要求
3.5　数据分析和评价
3.6　小结
第 4 章　海洋放射性监测
4.1　引言
4.2　放射性要素
4.3　监测仪器和方法
4.4　程序和要求
4.5　数据分析和评价
4.6　小结
第 5 章　海洋环境监测工程实践
5.1　引言
5.2　技术设计
5.3　外业监测

5.4　数据分析和评价

5.5　小结

5. 教学要求

（1）熟悉海洋环境监测的基本概念和技术体系，培养学生的海洋意识和家国情怀。

1.1　知识：海洋环境监测的定义、特点、对象、目的、方法、技术体系和要求等。

1.2　品格：了解海洋环境监测的意义和技术沿革，培养学生兴学强国的使命感。

（2）学会海洋理化监测的基本概念、原理与方法，能够分析和解决海洋理化监测技术问题。

2.1　知识：掌握海洋理化监测的基本概念、原理和方法。

2.1.1　知识点：海洋理化要素的概念和表示。

2.1.2　知识点：海洋理化监测的方法和要求。

2.1.3　知识点：海洋理化监测的仪器和指标。

2.1.4　知识点：海洋理化监测的程序和设计。

2.1.5　知识点：海洋理化监测的误差和质量控制。

2.1.6　知识点：海洋理化监测数据的分析和评价。

2.2　能力：理解海洋理化要素演化机理，开发或推导海洋理化要素的分析和评价等相关算法。

（3）学会海洋生物监测的主要概念、原理与方法，能够分析和解决海洋生物监测技术问题。

3.1　知识：掌握海洋生物监测的基本概念、原理和方法。

3.1.1　知识点：海洋生物要素的概念和表示。

3.1.2　知识点：海洋生物监测的方法和要求。

3.1.3　知识点：海洋生物监测的仪器和指标。

3.1.4　知识点：海洋生物监测的程序和设计。

3.1.5　知识点：海洋生物监测的误差和质量控制。

3.1.6　知识点：海洋生物监测数据的分析和评价。

3.2　能力：理解海洋生物要素演化机理，开发或推导海洋生物要素的分析和评价等相关算法。

（4）学会海洋放射性监测的主要概念、原理与方法，能够分析和解决海洋放射性监测技术问题。

4.1　知识：掌握海洋放射性监测的基本概念、原理和方法。

4.1.1　知识点：海洋放射性要素的概念和表示。

4.1.2　知识点：海洋放射性监测的方法和要求。

4.1.3　知识点：海洋放射性监测的仪器和指标。

4.1.4　知识点：海洋放射性监测的设计和程序。

4.1.5　知识点：海洋放射性监测的误差和质量控制。

4.1.6　知识点：海洋放射性监测数据的分析和评价。

4.2　能力：理解海洋放射性要素演变的机理，开发或推导海洋放射性要素的分析和评价等相关算法。

（5）分析和完成海洋环境监测技术设计，培养学生的工程思维和创新意识。

5.1　能力：分析和完成一个海洋溶解氧监测技术的设计和开发。

5.2　思维：了解教学要求，培养学生的工程思维和创新意识。

表 9.35 给出了本课程的教学要求与课程目标的关系。

表 9.35　教学要求与课程目标的关系

教学要求		课程目标					
		1	2	3	4	5	6
1	1.1	●					
	1.2						●
2	2.1	●				●	
	2.2		●	●			
3	3.1	●				●	
	3.2		●	●			
4	4.1	●				●	
	4.2		●	●			

续表

教学要求		课程目标					
		1	2	3	4	5	6
5	5.1	●				●	
	5.2		●	●			
6	6.1			●	●		
	6.2		●				

6. 课程评价

课程评价是由教学要求和课程目标的评价组成的，本课程的教学要求是由平时表现、课程考试和课程设计，同时，设置不同的标准和权重的考核方式实现的，课程目标是按照与教学要求的关系分析和评价的，可见表 9.35。

表 9.36 给出了本课程教学要求的评价与考核方式。

表 9.36　教学要求的评价与考核方式

教学要求		权重配置			比例分配（%）
		平时表现	课程考试	课程设计	
1	1.1	4	2		6
	1.2	2	6		8
2	2.1	4	10	4	18
	2.2		3	1	4
3	3.1	3	7	3	13
	3.2		3	1	4
4	4.1	3	6	4	13
	4.2		3	1	4
5	5.1	4	8	4	16
	5.2		2	2	4
6	6.1			2	2
	6.2			8	8
合计		20	50	30	100

9.13 海洋数据分析

1. 基本信息

<table>
<tr><td>课程代码</td><td>2270057</td><td>课程名称</td><td>海洋数据分析</td><td>英文名称</td><td colspan="3">Marine Data Analysis</td></tr>
<tr><td>课程类别</td><td>专业拓展课</td><td>课程性质</td><td>选修</td><td>学时 / 学分</td><td>32/2</td><td>适用专业</td><td>海洋技术</td></tr>
<tr><td>预修课程</td><td colspan="4">海洋制图学，海洋地理信息工程</td><td>同修课程</td><td colspan="2">海洋数据可视化、海洋 GIS 开发</td></tr>
<tr><td>参考教材</td><td colspan="4">空间数据分析，毕硕本编著，北京大学出版社，2015</td><td>授课学院</td><td colspan="2">海洋科学与技术学院</td></tr>
</table>

2. 课程简介

本课程是海洋技术本科专业的专业选修课程，也是本专业研究生的必修课程。本课程会将学生引入一个数字化的海洋世界，学生不仅能够了解海洋数据分析的对象、目的和意义，理解海洋现象与数据的关系，掌握海洋数据分析的基本概念、原理和方法，学会海洋数据的性质、表示和分析等技术，也能够将相关专业知识应用于解决复杂的海洋数据工程或技术问题。

3. 课程目标

（1）掌握海洋数据分析的基本概念、原理和方法，能够分析和解决复杂的海洋数据分析等问题。

（2）能够针对复杂的海洋数据分析问题，识别和表达关键的环节或因素，分析和获取有效结论。

（3）能够针对特定的需求，设计和开发与海洋数据分析相关的模型或算法，并能体现创新意识。

（4）能够针对特定的要求，了解和选择恰当的 ArcGIS 等空间数据分析工具，并能理解其局限性。

（5）能够针对特定的问题，查阅文献，自主学习，提出和解决与海洋数据分析相关的技术问题。

（6）了解国内外海洋数据分析技术沿革，培养学生的海洋意识、家国情怀和兴学强国的使命感。

表 9.37 给出了本课程的课程目标与毕业要求的关系。

表 9.37　课程目标与毕业要求的关系

课程目标	毕业要求											
	1	2	3	4	5	6	7	8	9	10	11	12
1	●											
2		●										
3			●									
4					●							
5												●
6								●				

4. 教学内容

第 1 章　绪论

1.1　海洋数据的概念

1.2　海洋数据的性质和表示

1.3　海洋数据分析的对象、目的与方法

1.4　海洋数据分析的内容和要求

1.5　与相关学科的关系

第 2 章　海洋数据量测

2.1　引言

2.2　距离和方向的量测

2.3　面积和体积的量测

2.4　坡度和坡向的量测

2.5　小结

第 3 章　海洋数据空间分析

3.1　引言

3.2　海洋数据的叠置分析

3.3　海洋数据的缓冲分析

3.4　海洋数据的路径分析

3.5　小结

第 4 章　海洋数据关系分析

4.1　引言
4.2　海洋数据的拓扑分析
4.3　海洋数据的相关分析
4.4　海洋数据的因果分析
4.5　小结
第 5 章　海洋数据统计分析
5.1　引言
5.2　海洋数据的回归分析
5.3　海洋数据的聚类分析
5.4　海洋数据的趋势分析
5.5　小结
第 6 章　海洋数据分析技术实践
6.1　引言
6.2　电子海图显示和量测
6.3　多源导航数据的融合
6.4　电子海图导航技术设计
6.5　小结
5. 教学要求

（1）熟悉海洋数据分析的基本概念和技术体系，培养学生的海洋意识和家国情怀。

1.1　知识：海洋数据分析的定义、特点、对象、目的、方法、要求和技术体系。

1.2　品格：了解国内外海洋数据分析技术的沿革，培养学生的海洋意识和家国情怀。

（2）学会海洋数据量测的基本概念、原理与方法，能够分析和解决海洋数据表示和量测等问题。

2.1　知识：掌握海洋数据量测的基本概念、原理和方法。

2.1.1　知识点：海洋数据量测的概念和性质。

2.1.2　知识点：距离和方向的量测模型和计算。

2.1.3　知识点：面积和体积的量测模型和计算。

2.1.4　知识点：坡度和坡向的量测模型和计算。

2.1.5　知识点：海洋数据量测误差分析和评价。

2.2　能力：理解海洋数据的本质，开发或推导椭球面海洋数据量测和计算等相关算法。

（3）学会海洋数据空间分析的基本概念、原理与方法，能够分析和解决海洋数据空间分析问题。

3.1　知识：掌握海洋数据空间分析的基本概念、原理和方法。

3.1.1　知识点：空间特征的概念和特点。

3.1.2　知识点：空间叠置的表示和分析。

3.1.3　知识点：空间缓冲的表示和分析。

3.1.4　知识点：最短路径的表示和分析。

3.1.5　知识点：空间分析模型的设计和评价。

3.2　能力：理解空间特征的本质，开发或推导空间叠置模型的设计和分析等相关算法。

（4）学会海洋数据关系分析的基本概念、原理与方法，能够分析和解决海洋数据关系分析问题。

4.1　知识：掌握海洋数据关系分析的基本概念、原理和方法。

4.1.1　知识点：关系特征的概念和特点。

4.1.2　知识点：拓扑关系的表示和分析。

4.1.3　知识点：相关关系的表示和分析。

4.1.4　知识点：因果关系的表示和分析。

4.1.5　知识点：关系分析模型的设计和评价。

4.2　能力：理解关系特征的本质，开发或推导拓扑关系模型的设计和分析等相关算法。

（5）学会海洋数据统计分析的基本概念、原理与方法，能够分析和解决海洋数据统计分析问题。

5.1　知识：掌握海洋数据统计分析的基本概念、原理和方法。

5.1.1　知识点：统计特征的概念和特点。

5.1.2　知识点：相关特征的表示和分析。

5.1.3　知识点：聚类特征的表示和分析。

5.1.4　知识点：形态特征的表示和分析。

5.1.5　知识点：统计分析模型的设计和评价。

5.2　能力：理解统计特征的本质，开发或推导空间聚类模型的设计和分析等相关算法。

（6）设计和完成海洋数据分析技术实践，培养学生的工程思维和创新意识。

6.1　能力：分析和完成一个船载电子海图导航技术设计和开发。

6.2　思维：了解教学要求，培养学生的工程思维和创新意识。

表 9.38 给出了本课程的教学要求与课程目标的关系。

表 9.38　教学要求与课程目标的关系

教学要求		课程目标					
		1	2	3	4	5	6
1	1.1	●					
	1.2						●
2	2.1	●				●	
	2.2		●	●			
3	3.1	●				●	
	3.2		●	●			
4	4.1	●				●	
	4.2		●	●			
5	5.1	●				●	
	5.2		●	●			
6	6.1			●	●		
	6.2		●				

6. 课程评价

课程评价是由教学要求和课程目标的评价组成的，本课程的教学要求是由平时表现、课程考试和课程设计，同时，设置不同的标准和权重的考核方式实现的，课程目标是按照与教学要求的关系分析和评价的，可见表 9.38。

表 9.39 给出了本课程教学要求的评价与考核方式。

表 9.39 教学要求的评价与考核方式

教学要求		权重配置			比例分配（%）
		平时表现	课程考试	课程设计	
1	1.1	4	2		6
	1.2	2	6		8
2	2.1	4	10	4	18
	2.2		3	1	4
3	3.1	3	7	3	13
	3.2		3	1	4
4	4.1	3	6	4	13
	4.2		3	1	4
5	5.1	4	8	4	16
	5.2		2	2	4
6	6.1			2	2
	6.2			8	8
合计		20	50	30	100

9.14 海洋数据可视化

1. 基本信息

课程代码	2270056	课程名称	海洋数据可视化	英文名称	Marine Data Visualizing		
课程类别	专业拓展课	课程性质	选修	学时 / 学分	32/2	适用专业	海洋技术
预修课程	海洋制图学，海洋地理信息工程				同修课程	海洋数据分析、海洋 GIS 开发	
参考教材	数据可视化，陈为等编著，电子工业出版社，2013				授课学院	海洋科学与技术学院	

2. 课程简介

本课程是海洋技术本科专业的专业选修课程，也是本专业研究生的必修课程。本课程会将学生引入一个可视化的海洋世界，学生不仅能够了解海洋数据可视化的对象、目的和意义，理解海洋数据与可视化的关系，掌握海洋数据可视化的基本概念、原理和方法，学会海洋数据可视化的性质、表示和实现等技术，也能够将相关专业知识应用于解决复杂的海洋数据可视化技术问题。

3. 课程目标

（1）掌握海洋数据可视化的基本概念、原理和方法，能够分析和解决复杂的海洋数据可视化技术问题。

（2）能够针对复杂的海洋数据可视化技术问题，识别和表达关键的环节或因素，分析和获取有效结论。

（3）能够针对特定的问题，设计和开发与海洋数据可视化技术相关的模型或算法，并能体现创新意识。

（4）能够针对特定的要求，了解和选择恰当的开源或商业等海洋数据可视化工具，并能理解其局限性。

（5）能够针对特定的需求，查阅文献，自主学习，提出和解决海洋数据可视化相关的技术或工程问题。

（6）了解国内外海洋数据可视化等技术的沿革，培养学生的海洋意识、家国情怀和兴学强国的使命感。

表 9.40 给出了本课程的课程目标与毕业要求的关系。

表 9.40　课程目标与毕业要求的关系

课程目标	毕业要求											
	1	2	3	4	5	6	7	8	9	10	11	12
1	●											
2		●										
3			●									
4					●							
5												●
6								●				

4. 教学内容

第 1 章　绪论

1.1　海洋数据可视化的概念

1.2　海洋数据可视化的对象、目的与方法

1.3　海洋数据可视化的分类和要求

1.4　海洋数据可视化的技术体系

1.5　与相关学科的关系

第 2 章　视觉感受理论

2.1　引言

2.2　构图

2.3　颜色

2.4　视觉变量

2.5　小结

第 3 章　海图数据可视化

3.1　引言

3.2　海图数据模型

3.3　海图符号的设计

3.4　海图数据的可视化

3.5　小结

第 4 章　海洋场数据可视化

4.1　引言

4.2　标量场数据的可视化

4.3　向量场数据的可视化

4.4　张量场数据的可视化

4.5　小结

第 5 章　海洋时变数据可视化

5.1　引言

5.2　时间变量的可视化

5.3　多时变数据的可视化

5.4　流数据的可视化

5.5　小结

第 6 章　海洋数据可视化技术实践

6.1　引言

6.2　可视化设计

6.3　电子海图的可视化

6.4　海洋温度场的可视化

6.5　小结

5. 教学要求

（1）熟悉海洋数据可视化技术的基本概念和技术体系，培养学生的海洋意识和家国情怀。

1.1　知识：海洋数据可视化技术的概念、分类、特点、对象、目的、方法和要求等。

1.2　品格：了解海洋数据可视化的意义和技术沿革，培养学生兴学强国的使命感。

（2）学会视觉感受的基本概念、原理与特点，能够分析和解决海洋数据可视觉理论问题。

2.1　知识：掌握视觉感受的基本概念、原理与特点。

2.1.1　知识点：视觉感受的概念和特点。

2.1.2　知识点：构图和颜色。

2.1.3　知识点：视觉变量的概念和表示。

2.1.4　知识点：视觉变量的特性和设计。

2.2　能力：理解构图与视觉变量的关系，推导或开发视觉变量的设计和表示等相关算法。

（3）学会海图数据可视化的基本概念、原理与方法，能够分析和解决海图数据可视化技术问题。

3.1　知识：掌握海图数据可视化的基本概念、原理与方法。

3.1.1　知识点：海图数据的表示和特点。

3.1.2　知识点：海图符号的结构和设计。

3.1.3　知识点：海图数据的可视化映射。

3.1.4　知识点：海图数据可视化实现技术。

3.2　能力：理解海图数据与可视化的关系，推导或开发海图数据可视化映射等相关算法。

（4）学会海洋场数据可视化的基本概念、原理与结构，能够分析和解决海洋场数据可视化问题。

4.1　知识：掌握海洋场数据可视化的基本概念、原理与方法。

4.1.1　知识点：海洋场数据的表示和特点。

4.1.2　知识点：标量场数据的可视化设计。

4.1.3　知识点：向量场数据的可视化设计。

4.1.4　知识点：张量场数据的可视化设计。

4.1.5　知识点：海洋场数据可视化实现技术。

4.2　能力：理解海图数据与场数据的关系，推导或开发标量场数据可视化等相关算法。

（5）学会海洋时变数据可视化的基本概念、原理与方法，能够分析和解决海洋时变数据可视化问题。

5.1　知识：掌握海洋时变数据可视化的基本概念、原理和方法。

5.1.1　知识点：海洋时变数据的表示和特点。

5.1.2　知识点：时间变量的可视化设计。

5.1.3　知识点：多时变数据的可视化设计。

5.1.4　知识点：流数据的可视化设计。

5.1.5　知识点：海洋时变数据可视化实现技术。

5.2　能力：理解时变数据与场数据的关系，开发或推导海洋时变数据可视化相关算法。

（6）分析和完成海图等数据可视化技术设计和开发，培养学生的工程思维和创新意识。

6.1　能力：分析和完成一个海图或温度数据可视化技术设计和开发。

6.2　思维：了解教学要求，培养学生的工程思维和创新意识。

表 9.41 给出了本课程的教学要求与课程目标的关系。

表 9.41 教学要求与课程目标的关系

教学要求		课程目标					
		1	2	3	4	5	6
1	1.1	●					
	1.2						●
2	2.1	●				●	
	2.2		●	●			
3	3.1	●				●	
	3.2		●	●			
4	4.1	●				●	
	4.2		●	●			
5	5.1	●				●	
	5.2		●	●			
6	6.1			●	●		
	6.2		●				

6. 课程评价

课程评价是由教学要求和课程目标的评价组成的，本课程的教学要求是由平时表现、课程考试和课程设计，同时，设置不同的标准和权重的考核方式实现的，课程目标是按照与教学要求的关系分析和评价的，可见表 9.41。

表 9.42 给出了本课程教学要求的评价与考核方式。

表 9.42 教学要求的评价与考核方式

教学要求		权重配置			比例分配（%）
		平时表现	课程考试	课程设计	
1	1.1	4	2		6
	1.2	2	6		8
2	2.1	4	10	4	18
	2.2		3	1	4

续表

教学要求		权重配置			比例分配（%）
		平时表现	课程考试	课程设计	
3	3.1	3	7	3	13
	3.2		3	1	4
4	4.1	3	6	4	13
	4.2		3	1	4
5	5.1	4	8	4	16
	5.2		2	2	4
6	6.1			2	2
	6.2			8	8
合计		20	50	30	100

9.15　海洋 GIS 开发

1. 基本信息

课程代码	2270131	课程名称	海洋 GIS 开发	英文名称	Marine GIS Development		
课程类别	专业拓展课	课程性质	选修	学时 / 学分	32/2	适用专业	海洋技术
预修课程	海洋制图学，海洋地理信息工程				同修课程	海洋数据分析、海洋数据可视化	
参考教材	Web GIS 原理与应用开发，刘光等著，清华大学出版社，2016				授课学院	海洋科学与技术学院	

2. 课程简介

本课程是海洋技术本科专业的专业选修课程，也是本专业研究生的必修课程。本课程会将学生引入一个信息化的海洋数据服务技术体系，学生不仅能够了解海洋 GIS 的对象、目的和意义，理解海洋数据与信息技术的关系，掌握海洋 GIS 的基本概念、原理和方法，学会海洋 GIS 开发的模式、要求和实现等技术，也又能够将相关专业知识应用于解决复杂的海洋 GIS 开发技术问题。

3. 课程目标

（1）掌握海洋 GIS 开发的基本概念、原理和方法，能够分析和解决复杂的海洋 GIS 开发技术等问题。

（2）能够针对复杂的海洋 GIS 开发技术问题，识别和表达关键的环节或因素，分析和获取有效结论。

（3）能够针对特定的问题，设计和开发与海洋 GIS 开发技术相关的模型或算法，并能体现创新意识。

（4）能够针对特定的要求，了解和选择恰当的开源或商业等海洋 GIS 开发工具，并能理解其局限性。

（5）能够针对特定的需求，查阅文献，自主学习，提出和解决海洋 GIS 开发相关的技术或工程问题。

（6）了解和比较国内外海洋 GIS 技术的沿革，培养学生的海洋意识、家国情怀和兴学强国的使命感。

表 9.43 给出了本课程的课程目标与毕业要求的关系。

表 9.43　课程目标与毕业要求的关系

课程目标	毕业要求											
	1	2	3	4	5	6	7	8	9	10	11	12
1	●											
2		●										
3			●									
4					●							
5												●
6								●				

4. 教学内容

第 1 章　绪论

1.1　GIS 与 Web GIS

1.2　Web 服务

1.3　海洋 GIS 的特征和体系架构

1.4　海洋 GIS 实现技术
1.5　与相关学科的关系
1.6　小结
第 2 章　海洋 GIS 原理
2.1　引言
2.2　海洋 GIS 的对象
2.3　海洋 GIS 的操作
2.4　海洋 GIS 的服务
2.5　小结
第 3 章　海洋 GIS 开发模式
3.1　引言
3.2　海洋 GIS 体系架构
3.3　海洋 GIS 自主开发
3.4　商业 GIS 平台开发
3.5　开源 GIS 平台开发
3.6　小结
第 4 章　海洋 GIS 技术设计
4.1　引言
4.2　环境设计
4.3　需求分析
4.4　总体设计
4.5　数据库设计
4.6　小结
第 5 章　海洋 GIS 实现技术
5.1　引言
5.2　空间数据库技术
5.3　服务器端技术
5.4　客户端技术
5.5　浏览器页面端技术
5.6　小结

第 6 章　海洋 GIS 开发实践

6.1　引言

6.2　技术设计

6.3　电子海图系统实现

6.4　技术总结

6.5　小结

5. 教学要求

（1）熟悉海洋 GIS 开发的基本概念和技术体系，培养学生的海洋意识和家国情怀。

1.1　知识：海洋 GIS 开发的概念、特点、模式、对象、目的、方法和要求等。

1.2　品格：了解海洋 GIS 技术的意义和技术沿革，培养学生兴学强国的使命感。

（2）学会海洋 GIS 的基本概念、原理与特点，能够分析和解决海洋 GIS 技术理论问题。

2.1　知识：掌握海洋 GIS 的基本概念、原理与特点。

2.1.1　知识点：海洋 GIS 的概念和特点。

2.1.2　知识点：海洋 GIS 的对象和目的。

2.1.3　知识点：海洋 GIS 的功能和结构。

2.1.4　知识点：海洋 GIS 的服务理念和模式。

2.2　能力：理解海洋地理与水文等数据的关系，推导或设计海洋 GIS 需求和结构等相关模型。

（3）学会海洋 GIS 开发的基本模式、原理与要求，能够分析和解决海洋 GIS 开发模式问题。

3.1　知识：掌握海洋 GIS 开发的基本模式、原理与要求。

3.1.1　知识点：海洋 GIS 的开发模式。

3.1.2　知识点：海洋 GIS 的体系架构。

3.1.3　知识点：开源 GIS 平台的操作。

3.1.4　知识点：海洋 GIS 的自主开发。

3.1.5　知识点：海洋 GIS 的二次开发。

3.2　能力：理解开源与自主开发的关系，推导或设计开源 GIS 平台二次开发技术等相关算法。

（4）学会海洋 GIS 设计的基本概念、原理与方法，能够分析和解决海洋 GIS 技术设计问题。

4.1　知识：掌握海洋 GIS 技术设计的基本概念、原理与方法。

4.1.1　知识点：海洋 GIS 设计的概念和要求。

4.1.2　知识点：海洋 GIS 开发环境的设计。

4.1.3　知识点：海洋 GIS 技术需求的分析。

4.1.4　知识点：海洋 GIS 的对象、功能和界面等总体设计。

4.1.5　知识点：海洋 GIS 的数据库设计。

4.2　能力：理解技术设计与海洋 GIS 开发的关系，推导或开发海洋 GIS 技术设计等相关算法。

（5）学会海洋 GIS 实现技术的基本概念、原理与方法，能够分析和解决海洋 GIS 实现技术问题。

5.1　知识：掌握海洋 GIS 实现技术的基本概念、原理和方法。

5.1.1　知识点：海洋 GIS 实现技术的概念和要求。

5.1.2　知识点：空间数据库技术的设计和开发。

5.1.3　知识点：服务器端技术的设计和开发。

5.1.4　知识点：客户端技术的设计和开发。

5.1.5　知识点：浏览器页面端技术的设计和开发。

5.2　能力：理解 GIS 与 WebGIS 的关系，开发或设计海洋 GIS 技术等相关算法。

（6）分析和完成开源电子海图系统设计和开发，培养学生的工程思维和创新意识。

6.1　能力：分析和完成一个开源电子海图系统技术设计和开发。

6.2　思维：了解教学要求，培养学生的工程思维和创新意识。

表 9.44 给出了本课程的教学要求与课程目标的关系。

表 9.44　教学要求与课程目标的关系

教学要求		课程目标					
		1	2	3	4	5	6
1	1.1	●					
	1.2						●
2	2.1	●				●	
	2.2		●	●			
3	3.1	●				●	
	3.2		●	●			
4	4.1	●				●	
	4.2		●	●			
5	5.1	●				●	
	5.2		●	●			
6	6.1			●	●		
	6.2		●				

6. 课程评价

课程评价是由教学要求和课程目标的评价组成的，本课程的教学要求是由平时表现、课程考试和课程设计，同时，设置不同的标准和权重的考核方式实现的，课程目标是按照与教学要求的关系分析和评价的，可见表 9.44。

表 9.45 给出了本课程教学要求的评价与考核方式。

表 9.45　教学要求的评价与考核方式

教学要求		权重配置			比例分配（%）
		平时表现	课程考试	课程设计	
1	1.1	4	2		6
	1.2	2	6		8
2	2.1	4	10	4	18
	2.2		3	1	4

续表

教学要求		权重配置			比例分配（%）
		平时表现	课程考试	课程设计	
3	3.1	3	7	3	13
	3.2		3	1	4
4	4.1	3	6	4	13
	4.2		3	1	4
5	5.1	4	8	4	16
	5.2		2	2	4
6	6.1			2	2
	6.2			8	8
合计		20	50	30	100